U0331048

食品专业"十一五"规划实训教材
编审委员会

食品专业"十一五"规划

实训教材

Food

食品工厂设计综合实训

刘晓杰　张一　编著

化学工业出版社

·北京·

本书根据高等学校食品专业人才培养目标和规格要求，按照食品专业教学的理论与实践有机结合的原则，以食品工厂的典型设计过程为主线，对每一设计步骤、设计环节以及综合设计技能进行强化训练。全书共分十一个部分：食品厂厂址选择综合实训、食品厂总平面布置综合实训、产品方案制定综合实训、产品工艺流程的确定综合实训、物料衡算综合实训、食品厂设备选型综合实训、食品厂劳动力定员与计算综合实训、食品厂生产车间工艺布置综合实训、食品厂管道（布置）设计综合实训、食品厂物流局部设计综合实训以及食品厂给排水系统设计综合实训等内容。

本书可作为高等院校的食品及其相关专业、成人教育、各类职业教育的教材，也可作为食品及相关生产企业的培训教材。

图书在版编目（CIP）数据

食品工厂设计综合实训/刘晓杰，张一编著. —北京：化学工业出版社，2008.6（2024.8重印）
食品专业"十一五"规划实训教材
ISBN 978-7-122-03004-7

Ⅰ. 食⋯　Ⅱ.①刘⋯②张⋯　Ⅲ. 食品厂-设计-高等学校-教材　Ⅳ. TS208

中国版本图书馆 CIP 数据核字（2008）第 078090 号

责任编辑：于　卉　　　　　　　　　文字编辑：张绪瑞
责任校对：徐贞珍　　　　　　　　　装帧设计：尹琳琳

出版发行　化学工业出版社（北京市东城区青年湖南街 13 号　邮政编码 100011）
印　　装　北京科印技术咨询服务有限公司数码印刷分部
787mm×1092mm　1/16　印张 6¼　字数 133 千字　　2024 年 8 月北京第 1 版第 8 次印刷

购书咨询：010-64518888　　售后服务：010-64518899
网　　址：http://www.cip.com.cn
凡购买本书，如有缺损质量问题，本社销售中心负责调换。

定　　价：25.00 元　　　　　　　　　　　　　　　　版权所有　违者必究

前　言

　　本书根据高等学校食品专业人才培养目标和规格要求，按照新形势下食品专业教学的理论与实践有机结合的原则，以每种食品生产工艺流程为主线，强调每一加工步骤、生产环节、专项技能的培养等。打破了学科性束缚，精选教学内容，以精简、重组并整合教学内容为主。选择典型生产加工技术的实例，以"基础理论知识掌握、强化实践性训练、突出实效"为原则，来提高学生在实际工作岗位的适应性。

　　本教材编写的主要特点如下。

　　1. 本实训教材是一门综合性较强的应用学科，是研究食品工厂设计产品的加工过程和方法以及设计过程与控制的学科。

　　2. 本教材在学习食品工艺学理论知识的基础上，重点培养学生的工厂设计操作技能，并设计每一环节考核内容及标准。

　　3. 从食品专业知识、技能和现场实际操作入手，采用必要的生产加工实例来进行教学，对常出现的质量问题进行分析、控制。

　　4. 本实训教材充分体现高等学校应用教育特色，突出实用性，采取典型案例教学方式。为强化学生对实际生产线良好掌握的学习效果，书后配有电子课件，达到从感性认识到理性理解的目的。

　　本书由长春大学机械学院刘晓杰、吉林工商学院食品工程系张一老师编著，刘晓杰教授整理并统稿。

　　电子课件由长春大学姜晓微和吉林大学机械学院刘欣童制作。

　　在编写中，参考了大量书籍，并吸收了大量知识，在此谨向有关编著者表示诚挚的谢意。

　　参考书目列于本书后。

　　由于编者水平和经验所限，书中不足之处在所难免，敬请广大读者批评指正。

编著者

2008 年 3 月

目　录

实训项目一 食品厂厂址选择综合实训

一、基础知识

【概念】

食品厂厂址选择的含义是在指定的某一地区内，根据新建厂所必须具备的条件，结合食品工厂的特点，进行详尽的调查（或复查）、勘测工作，就可能建厂的几个厂址的技术经济条件，列出几个方案，进行综合分析比较，从中择优确定厂址。简而言之，厂址选择是指在相当广阔的区域内选择建厂的地区，并在地区、地点范围内从几个可供考虑的厂址方案中选择最优厂址方案的分析评价过程。

【厂址选择依据】

厂址选择是项目投资、项目决策的重要一环，必须从国民经济和社会发展的全局出发，运用系统观点和科学方法来分析评价建厂的相关条件，正确选择建厂地址，实现资源的合理配置，同时一定要符合国家的法律法规，包括国家法规、国家标准、部标、地方政府出台的政策等。

【厂址选择原则】

厂址选择正确与否，不仅关系到建厂过程中能否以最省的投资费用，按质按量按期完成工厂设计中所提出的各项指标，而且对投产后的长期生产、技术管理和发展远景，都有着很大的影响，而且与国家地区的工业布局和城市规划有着密切的关系。所以在选择厂址时，应依据一定的原则：①首先应符合国家的方针政策；②应从生产条件方面考虑；③应考虑技术经济条件。

二、实训内容与步骤

【实训目的】

① 可以培养学生的资料收集能力，尤其对场区周围环境参数的确认和收集。直观上对影响食品企业选址的因素进行系统把握。

② 通过对资料的收集和整理以及对同类型食品厂厂址的比对，可以对这一食品厂厂址选择进行综合比对及评价，为下一阶段的实训提供基础。

③ 通过模拟某一食品厂的厂址选择任务，重点熟悉厂址选择的程序。

④ 使学生在今后走向工作岗位之后，能作为一名技术人员，在建厂初期就能参与食

品工厂的建设。

【实训要求】

① 要求学生在实训中做到将所学专业理论知识同实际的工厂设计实践结合起来。

② 实训过程中，指导教师能假定某个食品厂建厂初的情景，并提出相关要求。设计分步实训题目，分步进行实训，并且每一实训项目应由浅入深，逐步锻炼学生的设计能力。

③ 学生根据老师模拟的实训任务，本着严谨的科学态度，听从指导，遵守各项要求。使同组学生相互配合的同时，也使他们独立分析问题、解决问题的能力得以提高。

④ 实训组织为每10名学生一个小组，共同完成某一模拟食品工厂的厂址选择。

⑤ 本次实训时间为一周，安排在食品工厂设计理论课讲授之后进行。

【实训步骤与内容】

实训步骤一：对某一具体食品厂厂址资料进行分析及评价

1. 对该食品厂参观调研并收集相关资料

组织学生到学校所在地附近的食品工厂进行参观和现场调研，分别对食品厂所在位置的下列情况进行资料收集。

（1）自然条件

在进行厂址选择时，首先一定要考虑所在地的自然情况，这对之后所进行的总平面设计会提供可靠的依据，好的自然条件对于今后的食品工厂设计、建设乃至投产之后，都有很重要的影响。

（2）地理位置

应设在当地的规划区或开发区内，少占或不占良田，尽量选用荒地、劣地或坡地。国家对某些项目的建设在某一时期划定了特定的地理区域和范围，在该地区建设该类项目，国家在财政和税收等其他方面肯定给予支持，或者该类项目在其他地区可能出于限制或不允许发展的情况也应考虑。

选择厂址时应当了解所选厂址的方位及其与城镇的关系，周围地段的地理情况和在该处建厂的有利及不利条件。根据食品工业生产方式及产品销售的特点，厂址应处在城镇郊区。通常在食品工厂设计中，厂址离主要消费（集散）中心的距离与城市规模、生产厂规模成正比，个别产品为了有利于销售也可设在市区。

（3）交通运输

食品工厂的运输量很大，且运出量比运入量大。如果运出与运入失调，轻者影响工厂生产的正常秩序，重者导致停产而效益骤降，故选择厂址，必须以交通运输方便为原则。要求交通运输方式可靠，铁路、公路、水路优势明显，且有发展的前景。

（4）卫生条件

所选厂址附近应有良好的卫生环境，没有有害气体、放射源、粉尘和其他扩散性的污染源（包括污水、传染病医院等），特别是在上方向地区的工矿企业，要注意它们对食品厂生产有无危害。厂址不应该选在受污染河流的下游。

（5）厂区面积

食品工厂的场地面积应有利于全厂总平面的合理布置，符合食品工厂规模的需要，提高全厂性的技术经济指标，并有一定的扩建余地等。

（6）协作条件

工业发达的水平标志之一是工业成体系、企业成配套。在确定厂址时，必须有城建规划部门的意见。选择厂址时，还需熟悉附近企业的特点、近期协作的愿望与条件、发展的远景对本厂址的影响等，以便相互协作、共同发展。

2. 对该食品厂厂址选择实例进行评价

通过对以上所收集厂址资料的整理，要对厂址选择做出正确的评价，包括以下几个方面的评价。

（1）资源条件评价

资源是项目建设的物质基础，对资源条件的评价是保证项目能按照设计生产能力正常运转和获取预期投资效益的重要环节。

资源评价的一般内容包括以下几个方面。

① 拟建项目所提供的资源报告是否详实可靠，是否经过国家有关部门的批准，是否具有立项的价值。

② 分析和评价拟建项目所需资源的种类和性质，是否属于稀缺资源或供应紧张的资源，是可再生资源还是不可再生资源。

③ 分析和评价拟建项目所需资源的可供数量、服务年限、成分质量、供给方式、成本高低及综合利用的可能性等。

④ 分析和评价技术进步对资源利用的影响，提出关于节约使用土地、水等资源的有效措施。

（2）原材料供应条件评价

① 分析评价原材料供应数量能否满足项目生产能力的要求。

② 分析评价原材料的质量是否符合项目生产工艺的要求。

③ 分析评价原材料的价格是否合理。

④ 分析评价原材料的运输费用是否合理。

⑤ 分析评价原材料的存储是否经济合理。

⑥ 分析评价原材料的来源是否合理。

评价原材料供应条件的目的是选择适合项目要求的、来源稳定可靠的、价格经济合理的原材料，作为项目的主要投入物，这样可以保证项目生产的连续性和稳定性。

（3）燃料及动力供应条件评价。

① 燃料供应条件评价。

② 供水条件评价。

③ 电力条件的评价。

（4）交通运输和通信条件评价

对交通运输条件的分析和评价，重点应注意运输成本、运输方式的经济合理性、运输中各个环节（即装、运、卸、储等）的衔接性及运输能力等方面。

（5）外部协作配套条件和同步建设评价

外部协作配套条件是指与项目的建设和生产具有密切联系、互相制约的关联行业，如为项目生产提供半成品和包装物的上游企业和为其提供产品的下游企业的建设和运行情况。

同步建设是指项目建设、生产相关交通运输等方面的配套建设，特别是大型项目，应考虑配套项目的同步建设和所需要的相关投资。分析评估的主要内容如下。

① 全面了解关联行业的供应能力、运输条件和技术力量，从而分析配套条件的保证程度。

② 分析关联企业的产品质量、价格、运费及对项目产品质量和成本的影响。

③ 分析评价项目的上游企业、下游企业内部配套项目在建设进度上、生产技术上和生产能力上与拟建项目的同步建设问题。

实训步骤二：模拟某一类型食品厂进行厂址选择

食品工厂厂址选择一般包含地点选择和场地选择两方面。地点选择就是对所建厂在某地区内的方位（即地理坐标）及其所处的自然环境状况，进行勘测调查、对比分析。场地选择就是对所建厂在某地点处的面积大小、场地外形及其潜藏的技术经济性，进行周密地调查、预测、对比分析，作为确定厂址的依据。所以本次实训可以采用分步逐级训练的方式。

厂址选择工作大体分为准备工作、现场勘查工作和编写厂址选择报告三个阶段。

1. 准备工作阶段

（1）组织准备

由主管建厂的国家有关部门组织建设、设计（包括工艺、总图、给排水、供电、土建、技术经济等专业人员）、勘测（包括工程地质、水文地质、测量等专业人员）等单位有关人员组成选厂工作组。

（2）技术准备

选厂工作人员在深入了解设计任务书内容和上级机关对建设的指示精神的基础上，拟定选厂工作计划，编制选厂各项指标及收集厂址资料提纲，包括厂区自然条件（指地形、地势、地质、水文、气象、地震等）、技术经济条件（如原材料、燃料、电热、给排水、交通运输、场地面积、企业协作、三废处理、施工条件等）的资料提纲。例如：

① 厂址的地形图（比例是 1/1000 与 1/2000）；

② 风玫瑰图和风级表；

③ 原料、燃料的来源及数量；

④ 水源水量及其水质情况；

⑤ 交通条件与年运输量（包括输入量与输出量）；

⑥ 场地凹凸不平度与挖填土方量；

⑦ 工厂周围情况及协作条件等。

在收集资料基础上，进行初步分析研究，在地形图上绘制总平面方案图，试行初步选点。经过分析研究，从中优选一个方案图作为下一步勘测目标。

2. 现场勘查工作阶段

① 选厂工作组向厂址地区有关领导机关说明选厂工作计划，要求给予支持与协助，听取该地区领导介绍厂址地区的政治、经济概况及可能作为几个厂址地点的具体情况。

② 进行踏测与勘探，摸清厂址厂区的地形、地势、地质、水文、场地外形与面积等自然条件，绘制草图等。同时摸清厂址环境情况、动力资源、交通运输、给排水、可供利用的公用、生活设施等技术经济条件，以使厂址条件具体落实。

3. 编制厂址选择报告阶段

厂址选择报告阶段是厂址选择工作的结束阶段。在此阶段中，选厂工作组全体成员按工艺、总图、给排水、供电、供热、土建、结构、技术经济、地质、水文等 13 个专业类型，对前两个阶段收集、勘测所实得的资料和技术数据进行系统整理，编写出厂址选择报告，供上级主管部门组织审批。

厂址选择报告是选厂工作的成果，其内容如下。

（1）概述

① 说明选厂的目的与依据。

② 说明选厂工作组成员及其工作过程。

③ 说明厂址选择方案并论述推荐方案的优缺点及报请上级机关考虑的建议。

（2）主要技术经济指标

依据所建工厂的类型、生产工艺技术特点及要求条件等，列出选择厂址应具有的主要技术经济指标。通常包括以下 8 项。

① 全厂占地面积（m^2），指厂区围墙以内的用地面积。

② 全厂建筑面积（m^2），指厂区内建（构）筑物的占地面积，其中包括楼隔层、楼梯、电梯间的电梯井，并按楼层计；建筑物的外走廊、有围护结构或有支承的楼梯及雨篷。

③ 全厂职工人数控制数。

④ 用水量（t/h 或 t/a）、水质要求。

⑤ 用电量，包括全厂生产设备及动力设备的定额总需要量（kW）。

⑥ 原材料、燃料耗用量（t/a）。

⑦ 运输量（包括运入及运出量）（t/a）。

⑧ 三废措施及其技术经济指标等。

（3）厂址条件

说明所选厂址的自然条件及其具备的技术经济条件，并附有说明材料。通常包括以下10 项。

① 地理位置及厂址环境。说明厂址所在地理图上的坐标、海拔高度；行政归属及名称；厂址近邻距离与方位（包括城镇、河流、铁路、公路、工矿企业及公共设施等），并附上比例 1/50000 的地理位置图及厂址地形测量图。

② 厂址场地外形、地势及面积。说明可利用的场地、地势坡度及现场平整措施，附上总平面布置规划方案图。

③ 厂址地质与气象。说明土壤类型、地质结构、地下水位及厂址地区全年气象情况。

④ 土地征用及迁民情况。说明土地征用有关事项、居民迁居的措施等。

⑤ 交通运输条件。说明依据地区条件，提出公路、铁路、水路等可利用的运输方案及修建工程量。

⑥ 原材料、燃料情况。说明其产地、质量、价格及运输、储存方式等。

⑦ 给排水方案。说明依据地区水文资料，提出对厂区给水取水方案及排水或污水处理排放的意见。

⑧ 供热供电条件。说明依据地区热电站能力及供给方式，提出所建厂必须采取的供热供电方式及协作关系问题。

⑨ 建筑材料供应条件。说明场地施工条件及建筑厂房的需要，提出建筑材料来源、价格及运输方式问题，尤其就地取材的协作关系等。

⑩ 环保工程及公共设施。说明厂址的卫生环境和投产后对该地区环境的影响，提出三废处理与综合利用方案及地区公共福利和协作关系的可利用条件等。

（4）厂址方案比较

依据选择厂址的自然、技术经济条件，对几个拟定的厂址，首先进行技术经济方案比较，而后结合自然条件与以往选厂址实践经验，展开讨论。着重于基建费用与常年经营费用的比较，提出选定厂址的推荐意见及其中有关问题的建议。

（5）有关附件资料

① 各试选厂址总平面布置方案草图（比例 1/2000）。

② 各试选厂址技术经济比较表及说明材料。

③ 各试选厂址地质水文勘探报告。

④ 水源地水文地质勘探报告。

⑤ 厂址环境资料及建厂对环境的影响报告。

⑥ 地震部门对厂址地区地震烈度的鉴定书。

⑦ 各试选厂址地形图（比例 1/10000）及厂址地理位置图（比例 1/50000）。

⑧ 各试选厂址气象资料。

⑨ 各试选厂址的各类协议书，包括原料、材料、燃料、产品销售、交通运输、公共设施。

三、实训操作标准及参考评分

厂址选择实训操作标准及参考评分见表 1-1。

四、考核要点及评分

【实训评分】

厂址选择实训考核内容及参考评分见表 1-2。

表 1-1　厂址选择实训操作标准及参考评分

序号	实训项目	实训内容	技　能　要　求	满　分
1	对某一具体食品厂厂址资料进行分析及评价	自然条件资料的收集	该项实训包括指定食品厂所在地质、地形、地势、水文、气候、风向玫瑰图等资料的收集。收集的资料应详细,真实可靠	5
		地理位置情况资料的收集	该项实训所收集资料的内容包括: ①厂址的方位及其与城镇的关系情况 ②周围地段的地理位置情况 ③该地区的用地政策	5
		交通运输情况资料的收集	该项实训应包括厂外运输条件和厂内运输条件两个方面: ①厂外运输涉及的因素包括地理环境、物资类型、运输量大小及运输距离等。根据这些因素合理地选择运输方式及运输设备,对铁路、公路和水路做多方案比较 ②厂内运输主要涉及厂区布局、道路设计、载体类型、工艺要求等因素。厂内运输安排的合理适当,可使货物进出通畅,生产流转合理	5
		卫生条件资料的收集	此项实训应对该食品厂厂址附近的卫生环境资料进行收集,确定其周围无有害气体、放射源、粉尘和其他扩散性的污染源(包括污水、传染病医院等),特别要考察所在厂址上风向的地区有无工矿企业以及注意它们对食品厂生产有无危害	5
		厂区面积的评价	对该食品厂厂区面积的资料进行收集,包括: ①整个厂区的面积 ②全厂不同职能部门的面积划分 ③是否留有用于扩建的所需用地	5
		外部情况	该项资料的收集应包括: ①厂址附近的原料供应与产品销售情况 ②应包括能源供应情况的调查 ③附近企业的特点及其近期协作的愿望与条件、发展远景等	5
		资料的整理	对以上所收集的资料进行综合整理,并可以根据食品厂厂址选择的原则对该厂厂址情况进行分析及评价	5
2	模拟某一类型食品厂的厂址选择	准备阶段	该项实训主要是训练学生的组织准备和技术准备能力。尤其是技术准备中要收集厂址选择的相关资料,主要资料内容参见实训内容	5
		选择合适的自然条件	该项实训是对食品厂自然条件进行合理选择,要求如下: ①食品厂一般地势整齐平坦、开阔,自然坡度最好在 0.004～0.008 之间,以利于排泄雨水、厂内交通运输及厂房建筑物基础施工 ②地质的要求是厂址不能处在滑坡地质结构上,土层要深厚,性质均一,具有足够的承载能力,地表以下不能是砂层、回填垃圾等结构,地质条件应符合建筑工程要求。在厂址范围内,不应有地下矿藏、流沙、淤泥和古墓,否则不仅增加工程投资造价与地基的处理,严重时还会危及工厂的安全。 ③厂区场地的地形应当比较规整而且集中,这样可便于各类建筑物与构筑物的布置和场地的有效利用。为此场地规划时就应尽可能不受铁路、公路干线、河流或其他自然屏障的分割 ④食品工厂生产受气象和气候的影响大,厂址建设应考虑当地风向情况	10
		选择地理位置	食品工厂的厂址应处于合适的地理位置,应满足以下要求: ①符合国家的方针政策。尽量设在当地的规划区或是开发区内,少占或是不占良田,做到节约用地 ②厂址离主要的消费(集散)中心的距离与城市规模、生产厂规模成正比 ③厂址周围的交通情况良好,能保证食品原料及产品的运输	10

续表

序号	实训项目	实训内容	技 能 要 求	满 分
2	模拟某一类型食品厂的厂址选择	选择良好的卫生条件	食品工厂及其周围环境的卫生是食品工厂质量的保证,在选择厂址时,周围环境要保证无有害气体、放射源、粉尘和其他扩散性的污染源(包括污水、传染病医院等),特别要考虑到所在厂址上风向的地区有无工矿企业以及注意它们对食品厂生产有无危害	10
		选择良好的外部环境	在模拟进行实训时,应考虑给水、排水、供电等的方便性,以保证生产,同时也要考虑到周围的企业协同合作,共同发展	10
		厂址选择方案的比较	厂址选择比较的内容: ①厂址的自然条件因素 ②技术经济条件因素 将以上两大系列进行单项比较,使比较之后得出的最佳方案能满足工厂设计、建设及生产的需求,并能减少投资费用,有利于投产后的经营管理	10
		厂址选择报告的整理	按照前面介绍的厂址选择报告的内容,对以上分析的资料进行整理,要求内容详尽、准确详实,能给相关部门提供审核依据	10

表 1-2　厂址选择实训考核内容及参考评分

序号	考核内容	考 核 要 求	满 分 值	总 得 分
1	实训的准备工作	在实训之前,能根据老师布置的实训任务,结合教材中的理论知识,进行大量资料的收集工作,加强对整个实训项目的任务把握,能为具体的实训打下良好的基础	20	
2	实训态度	在实训过程中,能本着严谨的科学态度,听从老师的指导,能保证出勤,和同组的同学能相互配合,最终独立完成各项实训任务	20	
3	实训操作总分	对于实训操作所列出的各项实训任务均能按要求完成。能将理论知识和实训操作联系在一起	20	
4	实训报告的整理	在每一步的实训之后,都应做好记录,编写实训报告,内容要全面规范,在整理报告过程中,能对实训中出现的问题进行全面的考虑,并不断培养自己独立分析和解决问题的能力	20	
5	厂址选择方案的评价	结合食品工厂厂址选择的原则,对这一厂址选择方案进行系统的分析及评价,要求评价的内容要全面,可以参看实训内容中的评价要点	20	

【考核方式】

在模拟实训室进行考核。

① 在实训中,采用行进式的考核方式,让学生分步操作,逐步考核。

② 从学生的实训出勤、课堂表现以及实训技能操作规程、实训报告的撰写等几个方面综合进行考核。

五、常见问题分析

某油脂工厂在长春高新技术开发区投资建厂,建设规模为年产5000t,厂区内的各项建设均符合标准,达到预期的建设规模,但却处于停产状态,从厂址周围条件入手,试分析原因。

思考与练习题

1. 厂址选择工作为什么一定要进行方案的比较，通常采用什么比较方法？

2. 厂址选择这项工作在整个食品工厂设计中处于什么地位？

3. 要满足设计要求，厂址选择的原则是什么？

4. 就罐头食品厂和软饮料生产厂而言，对其分别进行厂址选择，在考虑外部情况时，有何不同？

实训项目二 食品厂总平面布置综合实训

一、基础知识

【概念】

食品工厂总平面布置是对工厂总体布置的平面设计，是食品工厂设计的重要组成部分，其任务是根据工厂建筑群的组成内容及使用功能要求，结合厂址条件及有关技术要求，协调研究建（构）筑物及各项设施之间空间和平面的相互关系，正确处理建筑物、交通运输、管路管线、绿化区域等布置问题，充分利用地形，节约场地，使所建工厂形成布局合理、协调一致、生产井然有序，并与四周建筑群相互协调的有机整体。

简而言之，所谓总平面布置，就是按整个生产工艺流程，结合用地条件进行合理的布局，使建筑物群组成一个有机整体。

【工厂组成】

食品工厂中有较多的建筑物，根据它们的使用功能可分为以下几种。

① 生产车间：如榨汁车间、奶粉车间、饼干车间、饮料车间、综合利用车间等。

② 辅助车间（部门）：中心实验室、化验室、机修车间等。

③ 动力部门：发电间、变电所、锅炉房、冷机房和真空泵房等。

④ 仓库：原材料库、成品库、包装材料库、各种堆场等。

⑤ 供排水设施：水泵房、水处理设施、水井、水塔、废水处理设施等。

⑥ 全厂性设施：办公室、食堂、医务室、厕所、传达室、围墙、宿舍、自行车棚等。

【设计原则】

食品工厂总平面设计的基本原则如下。

① 总平面设计应按批准的设计任务书和可行性研究报告进行，总平面布置应做到紧凑、合理。

② 建（构）筑物的布置必须符合生产工艺要求，保证生产过程的连续性。互相联系比较密切的车间、仓库应尽量考虑组合厂房，既有分隔又缩短物流线路，避免往返交叉，合理组织人流和货流。

③ 建（构）筑物的布置必须符合城市规划要求和结合地形、地质、水文、气象等自然条件，在满足生产作业的要求下，根据生产性质、动力供应、货运周转、卫生、防火等分区布置。有大量烟尘及有害气体排出的车间，应布置在厂边缘及厂区常年下风方向。

④ 动力供应设施应靠近负荷中心。

⑤ 建（构）筑物之间的距离，应满足生产、防火、卫生、防震、防尘、噪声、日照、通风等条件的要求，并使建（构）筑物的间距最小。

⑥ 食品工厂卫生要求较高，生产车间要注意朝向，保证通风良好；生产厂房要离公路有一定距离，通常考虑30～50m，中间设有绿化带。

⑦ 厂区道路一般采用混凝土路面。厂区尽可能采用环行道，运煤、出灰不穿越生产区。厂区应注意合理绿化。

⑧ 合理地确定建（构）筑物的标高，尽可能减少土石方工程量，并应保证厂区场地排水畅通。

⑨ 总平面布置应考虑工厂扩建的可能性，留有适当的发展余地。

二、实训内容与步骤

【实训目的】

① 了解食品工厂不同建（构）筑物的使用功能，进而掌握食品工厂厂区划分的方法以及食品工厂总平面布局的原则。

② 掌握食品工厂总平面布置的内容和方法。

③ 通过模拟某一食品厂的总平面设计任务，能够绘制该厂的总平面设计图。

④ 使学生在今后走向工作岗位之后，能作为一名设计人员，在建厂初期就能参与食品工厂的建设。

【实训要求】

① 要求学生在实训中做到将所学专业理论知识同实际的工厂设计实践结合起来。

② 实训过程中，指导教师能假定某个食品厂建厂初的情景，并提出相关要求。设计分步实训题目，分步进行实训，并且每一实训项目应由浅入深，逐步锻炼学生的设计能力。

③ 学生根据教师模拟的实训任务，本着严谨的科学态度，听从指导，遵守各项要求。使同组学生相互配合的同时，也要使自己独立分析问题、解决问题的能力得以提高。

④ 实训组织为每10名学生一个小组，每组一个设计任务，独立完成对不同类型食品厂的总平面布置进行设计。

⑤ 本次实训时间为两周，安排在食品工厂设计理论课讲授之后进行。

【实训步骤与内容】

实训步骤一：对某一类型食品厂进行厂区划分

厂区划分就是根据生产、管理和生活的需要，结合安全、卫生、管线、运输和绿化的特点，把全厂建（构）筑物群划分为若干联系紧密而性质相近的单元。这样，既有利于全厂性生产流水作业畅通（可谓纵向联系），又利于邻近各厂房建（构）筑物设施之间保持协调、互助的关系（可谓横向联系）。

通常将全厂场地划分为厂前区、生产区、厂后区及左右两侧区，如图2-1所示。厂前区的建筑，基本上属于行政管理及后勤职能部门等有关设施（食堂、医务所、车库、俱乐部、大门传达室、商店等），生产区包括主要车间厂房及其毗连紧密的辅助车间厂房和少量动力车间厂房（水泵房、水塔或冷冻站等）。生产区应处在厂址场地的中部，也是地势地质最好的地带。厂后区主要是原料仓库、露天堆场、污水处理站等。根据厂区的地形和生产车间的特殊要求，可将机修、给排水系统、变电所及其有关仓库等，分布在左右两侧区而尽量靠近主要车间，以便为其服务。

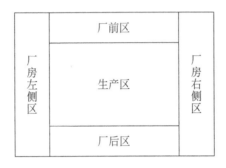

图 2-1　食品工厂厂区划分

实训步骤二：建筑物间距的设计

厂区建筑物间距是指两幢建筑物外墙面相距的距离。在进行此项设计时，一定要符合有关规范，分别从防火、卫生、防震、防尘、噪声、日照、通风等方面来考虑，在符合有关规范的前提下，使建筑物间的距离最小。

建筑间距与日照的关系如图 2-2 所示。冬季需要日照的地区，可根据冬至日太阳方位角和建筑物高度求得前幢建筑的投影长度，作为建筑日照间距的依据。不同朝向的日照间距 D 约为 $(1.1 \sim 1.5)H$（D 为两建筑物外墙面的距离，H 为布置在前面的建筑遮挡阳光的高度）。

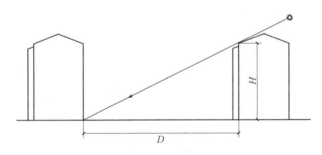

图 2-2　食品工厂建筑间距与日照关系示意

建筑间距与通风的关系：当风向正对建筑物时（即入射角为 $0°$ 时），希望前面的建筑不遮挡后面建筑的自然通风，则要求建筑间距 D 在 $(4 \sim 5)H$ 以上；当风向的入射角为 $30°$ 时，间距可采用 $1.3H$；当入射角为 $60°$ 时，间距 D 采用 $1.0H$，一般建筑选用较大风向入射角时，用 $1.3H$ 或 $1.5H$ 就可达到通风要求，在地震区 D 采用 $(1.6 \sim 2.0)H$。

实训步骤三：各类建（构）筑物的布置

建筑物布置应严格符合食品卫生要求和现行国家规程、规范规定，尤其遵守《出口食品生产企业卫生要求》、《食品生产加工企业必备条件》、《建筑设计防火规范》中的有关条文。

各有关建筑物应相互衔接，并符合运输线路及管线短捷、节约能源等原则。生产区的相关车间及仓库可组成联合厂房，也可形成各自独立的建筑物。

1. 生产车间的布置

生产车间的布置应按工艺生产过程的顺序进行配置，生产线路尽可能做到短捷、避免重复，但并不是要求所有生产车间都安排在一条直线上。如果这样安排，当生产车间较多时，势必形成单一长条，从而使仓库、辅助车间的配置及车间管理等方面带来困难和不便。为使生产车间的配置达到线性的目的，同时又不形成长条，可将建筑物设计成 T 形、L 形或 U 形。

车间生产线路一般分为水平和垂直两种，此外也有多线生产的。加工物料在同一平面由一车间送到另一车间的称为水平生产线路；而由上层（或下层）车间送到下层（或上层）车间的称为垂直生产线路。多线生产线路是一开始为一条主线，而后分成两条以上的支线，或是一开始是两条或多条支线，而后汇合成一条主线。但不论选择何种布置形式，希望车间之间的距离是最小的，并符合卫生要求。

2. 辅助车间及动力设施的布置

锅炉房应尽可能布置在使用蒸汽较多的车间附近，这样可以使管路缩短，减少压力和热能损耗，在其附近应有燃料堆场，煤、灰场。生产车间应布置在锅炉房的上风向；煤场的周围应有消防通道及消防设施。

污水处理站应布置在厂区和生活区的下风向，并保持一定的卫生防护距离；同时应利用标高较低的地段，使污水尽量自流到污水处理站，污水排放口应在取水的下游，污水处理站的污泥干化场地应设在下风向，并要考虑汽车运输条件。

压缩空气主要用于仪表动力、鼓风、搅拌、清扫等。因此空压站应尽量布置在空气较清洁的地段，并尽量靠近用气部门。空压站冷却水量和用电量都较大，故应尽可能靠近循环冷水设施和变电所。由于空压机工作时振动大，故应考虑振动、噪声对邻近建筑物的影响。

食品工厂生产中冷却水用量较大，为节省开支，冷却水尽可能达到循环使用。循环水冷却构筑物主要有冷却喷水池、自然通风冷却塔及机械通风冷却塔几种。在布置时，这些设施应布置在通风良好的开阔地带，并尽量靠近使用车间；同时，其长轴应垂直于夏季主导风向。为避免冬季产生结冰，这些设施应位于主建（构）筑物冬季主导风向的下侧。水池类构筑物应注意有漏水的可能，应与其他建筑物之间保持一定的防护距离。

维修设施一般布置在厂区的边缘和侧风向，并应与其他生产区保持一定的距离。为保护维修设备及精密机床，应避免火车、重型汽车等振动对它们的影响。

仓库的位置应尽量靠近相应的生产车间和辅助车间，并应靠近运输干线（铁路、河道及公路）。应根据储存原料的不同，选定符合防火安全所要求的间距与结构。

行政管理部门包括工厂各部门的管理机构、公共会议室、食堂、保健站、托儿所、单身宿舍、中心试验室、车库、传达室等，一般布置在生产区的边缘或厂外，最好位于工厂的上风向位置，也就是前面提到的厂前区。

实训步骤四：平面布置设计

1. 运输设计

在确定以上内容之后，就要对厂区内的道路运输进行设计。

食品工厂运输设计，首先要确定厂内外货物周转量，制定运输方案，选择适当的运输方式和货物的最佳搬运方法，统计出各种运输方式的运输量，计算出运输设备数量，选定和配备装卸机具，相应地确定为运输装卸机具服务的保养修理设施和建（构）筑物（如库房）等。对于同时有铁路、水路运输的工厂，还应分别按铁路、公路、水运等的不同系统，制定运输组织调度系统。确定所需运输装卸人员，制定运输线路的平面布置和规划。分析厂内外输送量及厂内人流、物流组织管理问题，据此进行厂内输送系统的设计。

根据总平面设计的要求，厂区道路必须进行统一的规划，在食品工厂中，从道路的功能来分，一般可分为人行道和车行道两类。

人行道、车行道的宽度，车行道路的转弯半径以及回车场、停车场的大小都应按有关规定执行。在厂内道路布置设计中，在各主要建（构）筑物与主干道、次干道之间应有连接通道，这种通道的路面宽度应能使消防车顺利通过。

2. 管线综合设计

食品工厂的工程管线较多，除各种公用工程管线（即厂内外的给排水管道、电线、电话线及蒸汽管道等）外，还有许多物料输送管线。了解各种管线的特点和要求，选择适当的敷设方式，对总平面设计有密切关系。处理好各种管线的布置，不但可节约用地，减少费用，而且可使施工、检修及安全生产带来很大的方便。因此，在总平面设计中，对全厂管线的布置必须予以足够重视。

工程管线网（即厂内外的给排水管道、电线、电话线及蒸汽管道等）的设计必须依据管线综合布置的任务，根据工艺、水、汽（气）、电等各类工程线的专业特点，综合规定其地上或地下敷设的位置、占地宽度、标高及间距，使厂区管线之间，以及管线与建（构）筑物、铁路、道路及绿化设施之间，在平面和竖向上相互协调，既要满足施工、检修、安全等要求，又要贯彻经济和节约用地的原则。

管线布置时一般应注意下列原则和要求。

① 满足生产使用，力求短捷、方便操作和施工维修。

② 宜直线敷设，并与道路、建筑物的轴线以及相邻管线平行。干管应布置在靠近主要用户及支管较多的一侧。

③ 尽量减少管线交叉。管线交叉时，其避让原则是：小管让大管；压力管让重力管；软管让硬管；临时管让永久管。

④ 应避开露天堆场及建筑物的护建用地。

⑤ 除雨水、下水管外，其他管线一般不宜布置在道路以下。地下管线应尽量集中共架布置，敷设时应满足一定的埋深要求，一般不宜重叠敷设。

⑥ 大管径压力较高的给水管宜避免靠近建筑物布置。

⑦ 管架或地下管线应适当留有余地，以备工厂发展需要。

管线在敷设方式上常采用地下直埋、地下管沟、沿地敷设（管墩或低支架）、架空等敷设方式，应根据不同要求进行选择。

3. 绿化布置和环保设计

厂区绿化布置是总平面设计的一个重要组成部分，应在总平面设计中统一考虑。食品工厂的绿化一般要求厂房之间、厂房与公路或道路之间应有不少于 15m 的防护带，厂区内的裸露地面应进行绿化。

在进行厂区绿化应注意下列的原则和要求。

① 绿化主要功能是达到改善生产环境，改善劳动条件，提高生产效率等方面的作用。因此工厂绿化一定要因地制宜，节约投资，防止脱离实际，单纯追求美观的倾向，力求做到整齐、经济、美观。

② 绿化应与生产要求相适应，并努力满足生产和生活的要求。因此绿化种植不应影响人流往来、货物运输、管道布置、污水排除、天然采光等方面的要求。

③ 绿化布置应突出重点，并兼顾一般。厂区绿化一般分生产区、厂前区以及生产区与生活区之间的绿化隔离带。

厂前区及主要出入口周围的绿化，是工厂绿化的重点，应从美化设施及建筑群体组合进行整体设计；对绿化隔离带应结合当地气象条件和防护要求选择布置方式；厂区道路绿化，是工厂绿化的又一重点，应结合道路的具体条件进行统一考虑；对主要车间周围及一切零星场地都应充分利用，进行绿化布置。

④ 进行绿化布置，一定要有绿化意识、科学态度和审美观点。

实训步骤五：食品工厂总平面图的绘制

1. 总平面图的概念

将食品工厂范围内的各项建筑物、构筑物，地上地下设施按照一定的比例绘制在水平面上的投影称为食品工厂总平面图。

2. 绘制方法

采用正投影法。

3. 绘制比例

采用 1∶500；1∶1000；1∶2000。

4. 标注尺寸

采用米（m），标出食品厂址的长、宽尺寸。

5. 总平面图纸上应有的内容

（1）区域位置图

区域位置图按 1∶10000 到 1∶5000 绘制，它可以展示和表明厂区附近的环境条件及自然情况，它对审查和评判设计方案的优劣也有着一定的辅助作用。

（2）风玫瑰图

风玫瑰图是重要的气象资料之一。风玫瑰图就是风向频率图，能反映当地一年四季的平均风向和风向频率情况，对总平面设计有重要的指导意义。

（3）指北针

通常位于右上角,直径2.5cm,可以标明采光问题。

(4) 标题栏

标题栏又称为图标,是为了让设计者和看图人员熟悉图纸种类和特性,了解工程名称、项目种类等。

① 标题栏的规格(单位:mm)如图2-3所示。

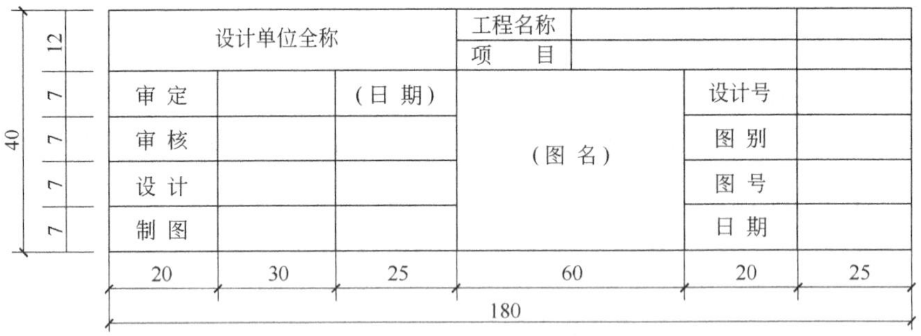

12	设计单位全称			工程名称		
				项 目		
7	审 定		(日 期)		设计号	
7	审 核			(图 名)	图 别	
7	设 计				图 号	
7	制 图				日 期	
	20	30	25	60	20	25
				180		

图 2-3 标题栏

② 标题栏每栏的内容。

设计单位全称:××学校××系或××设计院

工程名称:××食品加工厂

项目:××总平面布置

图名:平面布置图

设计号:设计部门对该工程的编号,学生实训可不列。

图别:工艺

图号:本张图纸在本套图纸中的顺序,No.1、No.2、No.3。

6. 绘图方式

可以采用手工绘制,或是计算机制图。

7. 绘图步骤

① 划分厂区界。根据生产规模确定所需厂区的大小,确定厂区界,假设厂地范围不限。

② 绘制各建筑物的外形轮廓。根据各厂房、辅助车间、配套设施、服务设施、娱乐场所、道路等的分布情况将其放于厂区界中,要严格按照尺寸来绘制。

③ 标注名称。标明各厂房、辅助车间、配套设施、服务设施、娱乐场所、道路等的分布情况并将其放于厂区界中,要严格按照尺寸来绘制。

④ 绘制围墙,以厂区界线为围墙的外边进行绘制。

⑤ 开大门。

⑥ 添加游步道和绿化带。

⑦ 标注主要尺寸。

⑧ 绘制或调用风玫瑰图,绘制标题栏,完成制图。

8. 总平面图绘制举例

图2-4~图2-10分别依次列举了食品工厂总平面设计的绘图步骤。

图 2-4 厂区界限

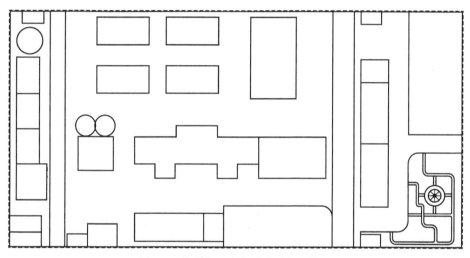

图 2-5 绘制各厂房与设施的相对位置

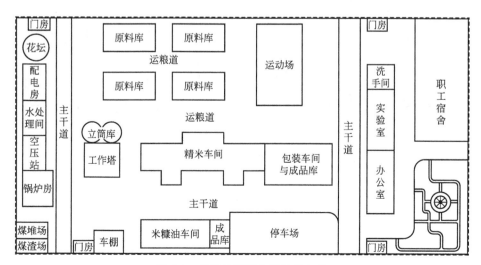

图 2-6 标明各厂房和设施的名称

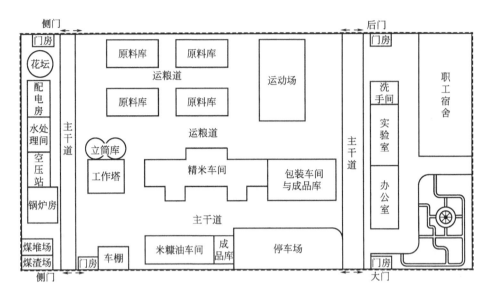

图 2-7　开大门

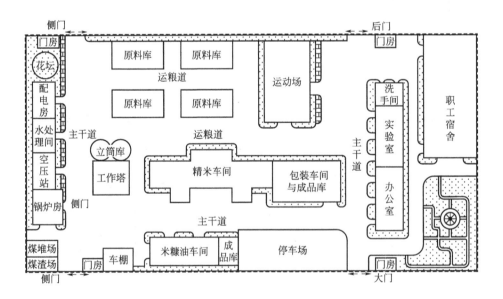

图 2-8　添加游步道和绿化带

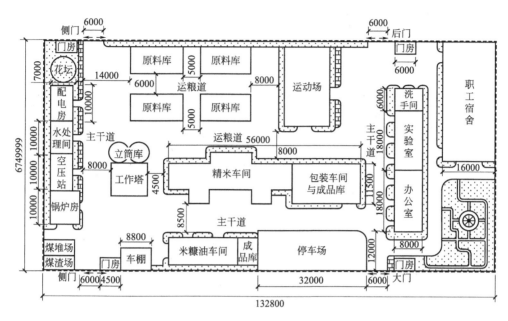

图 2-9 标注主要尺寸

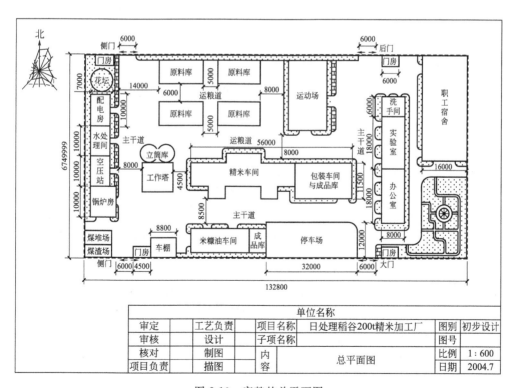

单位名称					
审定	工艺负责	项目名称	日处理稻谷200t精米加工厂	图别	初步设计
审核	设计	子项名称		图号	
核对	制图	内容	总平面图	比例	1:600
项目负责	描图			日期	2004.7

图 2-10 完整的总平面图

三、实训操作标准及参考评分

食品工厂总平面设计综合实训操作标准及参考评分见表2-1。

表 2-1　食品工厂总平面设计综合实训操作标准及参考评分

序号	实训程序	工作内容	技 能 标 准	满分
1	厂区划分	生产区的确定	生产区应处在厂址场地的中部,也是地质地势等条件最好的地带。生产区一定要和生活区、厂前区分开,以保证较好的卫生条件	10
		工厂其他各区的确定	工厂的其他区域都应围绕生产区进行划分,并能体现各区的功能,使得运输联系方便、建筑井然有序,一定要本着有利于全厂生产的原则进行划分	10
2	建筑物间距的确定	确定建筑物间距与日照间的关系	确定两建筑物外墙距离 D 时,要考虑布置在前面的建筑遮挡阳光的高度 H。合理的 D 值约为 $(1.1\sim1.5)H$	10
3	各类建筑的布置	生产车间的布置	食品工厂的生产车间应注意朝向,应保证阳光充足,通风良好,要保证生产车间周围的环境卫生情况良好,防止食品受到污染	20
		辅助、动力车间的布置	各类辅助、动力车间应能起到辅助生产的目的,并能围绕生产车间进行合理布置	10
4	平面布置设计	运输设计	该项设计应合理组织用地范围内交通运输线路的布置,在设计中应做到人流和货流分开,避免往返交叉,应保证流道畅通	10
		管线综合设计	该项设计要布置得整齐合理、便捷。使厂区管线之间以及管线与建(构)筑物、铁路、道路及绿化设施之间,在平面和竖向上相互协调,既要满足施工、检修、安全等要求,又要贯彻经济和节约用地的原则	5
		绿化布置和环保设计	绿化面积应该适当,绿地面积为厂区面积的20%左右。在工厂四周,尤其是靠近公路的一侧应当设置隔离带,选用绿树而避免选用散发种子和特殊异味的树木花草,设计要充分考虑到环境保护的问题	5
5	总平面图的绘制	制图规范	整个图面应干净整洁,严格按尺寸绘制,应具备的资料齐全,图幅规格适当,图形疏密均匀	10
		制图内容	进行此项实训时,应能结合用地条件进行科学全面的布局,从而保证各区域功能明确、管理方便、生产协调、互不干扰,使整个厂区的建筑群体能形成一个统一的群体	10

四、考核要点及评分

食品工厂总平面设计考核要点及参考评分见表2-2。

表 2-2 食品工厂总平面设计考核要点及参考评分

序号	考核项目	满分	考核要点及标准要求	评分
1	实训工作态度	20	实训是分小组进行的,每位学生虽然有各自的分工,但也需小组成员一起分析,一起讨论,相互提出合理化意见,在实训过程中,工作态度应积极、认真,按步按时独立完成实训任务	
2	总平面布置图的绘制	30	图纸比例应符合标准要求,在总平面布置图上附有当地的风玫瑰图和区域位置图,同时布置图的绘制应符合制图标准	
3	设计说明书的编写	15	设计说明书应能体现整个食品厂总平面设计的总体构想,是对设计方案的说明,应说明设计依据、布置特点、主要技术经济指标和概算等情况。要让决策部门和上级领导能借助于它对总平面设计方案做出准确的判断和抉择。要求文字简明扼要,内容真实可靠	
4	相关资料准备	20	相关设计资料要准备齐全,这是进行总平面设计的依据。如《工业企业总平面设计规范》、《工业企业设计卫生标准》、《建筑设计防火规范》、《厂矿道路设计规范》、《工业企业采暖通风和空气调节设计规范》、《工业锅炉房设计规范》、《工业"三废"排放试行标准规定》、《工业与民用通用设备电力装备设计规范》、《中国出口食品厂、库卫生要求》、《中国保健食品良好生产规范》(GB 17405—1998)、《洁净厂房设计规范》(GB 50073—2001)、食品 GMP 规范等	
5	问题分析	15	在对食品工厂参观时,对厂区的总平面布置提出问题,学生应能根据所学的理论知识,说明其设计思想,并能发现问题,发现该食品厂存在的设计缺陷,并能寻求合理实际的解决办法	

【考核方式】

在制图室或计算机机房和食品工厂现场进行综合考核。

① 在对食品工厂现场进行参观时,对工厂某一建筑物的位置及与周围建筑物相对位置进行分析,并进行现场提问。

② 从学生的实训出勤、课堂表现以及实训技能操作规程、实训报告的撰写等几个方面综合进行考核。

思考与练习题

1. 食品工厂总平面设计的概念与设计依据。

2. 食品工厂总平面设计的步骤。

3. 何为风玫瑰图?

4. 食品工厂建筑物的组成及相互关系。

5. 如何确定食品工厂锅炉房和对卫生要求较高的生产车间的相对位置?

实训项目三　产品方案制定综合实训

一、基础知识

【产品方案概念】

产品方案又称生产纲领，它实际上就是食品工厂对全年要生产的产品品种和各产品的数量、产期、生产班次等的计划安排。

【意义】

食品工厂的产品方案有着不同于其他行业企业产品方案的突出特点。因为生产中很大一部分农副业原料和产品销售的季节性，所以食品工厂大部分都是多品种、短时期、少批量在生产和改变，由此适当地安排和衔接好全年各个时期的产品计划更为重要。

【原则及要求】

食品工厂的产品方案应尽量做到"四个满足"、"五个平衡"。

四个满足为：

① 满足主要产品产量的要求；

② 满足原料综合利用的要求；

③ 满足淡旺季平衡生产的要求；

④ 满足经济效益的要求。

五个平衡为：

① 产品产量与原料供应量应平衡；

② 生产季节性与劳动力应平衡；

③ 生产班次要平衡；

④ 设备生产能力要平衡；

⑤ 水、电、汽负荷要平衡。

【注意事项】

当然市场经济条件下的工厂要以销定产，产品方案既作为设计依据，又是工厂实际生产能力的确定及挖潜余量的测算。产品方案的影响因素是多方面的，主要有产品的市场销售、人们的生活习惯、地区的气候和不同季节的影响。在制定产品方案时：首先要调查研究，分析得到的资料，以此确定主要产品的品种、规格、产量和生产班次；其次是要用调节产品以调节生产忙闲不均的现象；最后尽可能把原料综合利用及储存半成品，以合理调剂生产中的淡、旺季节。

二、实训内容与步骤

【实训目的】

① 对某一食品厂的产品方案进行分析，确定该厂主要产品的品种、生产规模等信息。

② 熟知产品方案的原则，通过本次实训可以制定某一类型食品厂的产品方案。

③ 了解两种以上产品方案的比较方法，最终能确定一个最佳的产品方案。

④ 使学生在今后走向工作岗位之后，能作为一名技术人员，参与工厂产品方案的制定。

【实训要求】

① 要求学生在实训中做到将所学专业理论知识同实际的工厂设计实践结合起来。

② 实训过程中，对每一项实训内容都能认真完成，本着严谨的科学态度，听从指导，遵守各项要求，也要使自己独立分析问题、解决问题的能力得以提高。

③ 实训组织为每 10 名学生一个小组，每组一个设计任务，独立完成对不同类型食品厂的总平面布置进行设计。

④ 本次实训时间为一周，安排在食品工厂设计理论课讲授之后进行。

【实训步骤与内容】

实训步骤一：市场调研

市场调研的主要内容包括：产品的市场销售情况、同类型食品厂的竞争情况、居民的生活习惯、地区的气候和不同季节对生产的影响。

1. 产品销售情况

食品工厂的生产是以销定产的模式，要尽量使产品的产销平衡。该项实训可以将学生分为若干个小组，每组对某种产品的市场销售情况进行调研，可以采用超市调查、街头调查表的方式进行。

2. 同类型食品厂的调研

在进行该项目的产品方案制定之前，可以搜集全国尤其是该地区同类食品厂的产品方案，可以借鉴经验，并考虑到相互竞争来确定该厂的产品方案。

3. 居民的生活习惯

不同地区的居民有各自的生活习惯，食品工厂的生产要考虑的这一影响因素，确定合适的产品品种满足不同消费群体的需求。

4. 生产的季节性

食品工厂的生产有一个很显著的特点，那就是生产的季节性，这主要是由原料的季节性和产品销售的季节性所决定的，做此项调查对于安排和衔接好全年各个时期的产品计划颇为重要。

实训步骤二：产品品种和规格的确定

食品工厂生产的产品品种繁多，根据设计规模，结合各产品原料的供应量、供应周期的长短等实际情况，确定各种产品在总产量中所占比例及产量。

实训步骤三：确定产品的生产时间

生产时间就是对各产品在一年当中生产的月份进行确定，并注意结合生产时间确定的原则进行编制。在编排产品方案时，每月一般按 25 天计，全年的生产日为 300 天，如果考虑到原料等其他原因，全年的实际的生产日数也不宜少于 250 天。通常根据原料的生产季节及保藏时间确定产品的生产时间，季节性的产品应优先确定生产时间，然后在确定其他调节产品的生产时间，力求满足淡旺季平衡生产的要求。

实训步骤四：确定班产量及生产班次

班产量是工艺设计中最主要的计算基础，直接影响到车间布置、设备配套、占地面积、劳动定员和产品经济效益等。一般情况下，食品工厂班产量越大，单位产品成本越低，效益越好，由于投资局限及其他方面制约，班产量有一定的限制，但是必须达到或超过经济规模的班产量。最适宜的班产量实质就是经济效益最好的规模。

1. 决定班产量的因素

① 原料的供应量。

② 生产季节的长短。

③ 延长生产期的条件。

④ 定型作业线或主要设备的能力。

⑤ 厂房、公用设施的综合能力。

2. 班产量的确定方法

天产量＝各产品生产规模/预计生产天数

班产量＝天产量/班次

班产量的单位有：吨/班、千克/班。

3. 班次的确定

一般食品工厂每天生产班次为 1～2 班，淡季一班，中季两班，旺季三班制，根据食品工厂工艺和原料特性及设备生产能力来决定，若原料供应正常，或厂有冷库储藏室及半成品加工设备，可以延长生产期，不必突击多开班次，这样有利于劳动力平衡、设备利用充分、成品正常销售，便于生产管理，经济效益提高。

实训步骤五：对产品方案进行比较

制定产品方案时，为保证方案合理，有利于食品工厂发展和管理，应按设计计划任务书中确定的年产量和品种，制定出 2 种以上的产品方案，按下述原则进行分析，对方案技术上的先进性和可行性进行比较，并结合市场、经济、生产、社会综合考虑，从中找出一个最佳方案作为设计依据。产品方案分析见表 3-1。

① 主要产品年产值的比较。

② 每天所需生产工人数的比较。

③ 劳动生产率的比较［年产量(t)/工人总数］。

④ 每天工人最多最少之差的比较。

⑤ 平均每人每年产量的比较［元/(人·年)］。

⑥ 季节性的比较。

⑦ 设备平衡情况的比较。

⑧ 水、电、汽耗量的比较。

⑨ 组织生产难易情况的比较。

⑩ 基建投资的比较。

⑪ 社会效益的比较。

⑫ 经济效益（万元）的比较。

⑬ 结论。

表 3-1　产品方案分析

项目　方案	方案一	方案二	方案三
产品年产值			
劳动生产率/[吨/(人·年)]			
平均每人年产值/[元/(人·年)]			
基建投资/元			
经济效益/(万元)			
水、电、汽耗量/元			
员工人数/人			
全年空员工人数差值/人			
原料损耗率			

实训步骤六：产品方案的表达

产品方案表达，可以是文字叙述的方式，也可以用图表表达的形式。两者相比，图表的形式较明确、清晰，也能较容易地发现方案安排中的疏漏和问题，特别对检查生产的衔接和均衡，计算每天劳动力所需要量的变化等尤为方便。

【实训实例】

年产 6000t 速冻蔬菜产品方案的制定。

1. 产品方案

根据充分的市场调研，结合当地蔬菜种植情况，一期工程主要以青刀豆、马蹄片、马蹄碎片、青刀豆（段）、法国青刀豆、法国青刀豆（段）、荷兰豆、甜豌豆、毛豆荚、蚕豆、莲藕片、莲藕段、油菜花、南瓜等共 14 种江苏中东部产量比较大、价格便宜的蔬菜为加工对象，同时根据原料季节供应情况和生产能力以及市场需求，生产少量其他部分蔬菜，如表 3-2 所示。

① 马蹄。流化床生产能力 2t/h。单班生产，班生产量 10t，计划生产 40 天。则：$20t \times 40 = 800t$，其中 720t 为马蹄片，80t 为马蹄碎片。马蹄片出口美国，40 尺货柜装 18t/柜。马蹄碎片销往我国台湾，40 尺货柜装 20t/柜。

② 青刀豆、法国青刀豆。流化床生产能力 2t/h。2 班生产 20h，每班生产一个品种，两班生产 16t，春秋两季，计划生产 45 天。则：$32t \times 45 = 1440t$，其中 720t 青刀豆，青刀豆（段）160t，法国青刀豆 720t，法国青刀豆（段）160t。青刀豆出口日本，40 尺货柜装 19.5t/柜，法国青刀豆出口法国及欧洲国家，40 尺货柜装 18t/柜。

③ 荷兰豆。流化床生产能力 1.4t/h。单班生产 10h（另一班生产甜豌豆，班生产量 14t），计划生产 20 天。则：14t×20＝280t。

④ 甜豌豆。同荷兰豆。荷兰豆出口日本和美国，甜豌豆出口美国。

⑤ 毛豆荚。流化床生产能力 1.6t/h。单班生产 10h，班生产量 14t。两班生产 12 天，产量为 28t。则：（14t×10）＋（28t×12）＝476t。本产品出口日本，40 尺货柜装 20t/柜。

⑥ 蚕豆。流化床生产能力 1.6t/h。两班生产 10h，产量 32t，计划生产 5 天。则：32t×5＝160t。本产品出口日本，40 尺货柜装 20t/柜。

⑦ 莲藕块、莲藕片。流化床生产能力 2t/h。单班生产，班生产量 16t，以 3 月、9 月为主，计划生产 50 天。则：16t×50＝800t。本产品出口日本，40 尺货柜装 20t/柜。

⑧ 油菜花。流化床生产能力 1.4t/h。单班生产量 12t，计划生产 20 天，则：（12t×10）＋（24t×10）＝360t。本产品出口日本，40 尺货柜装 18t/h。

⑨ 南瓜。流化床生产能力 1.65t/h。两班生产 10h，产量 16.5t，计划生产 36 天。则：16.5t×36＝580t。本产品出口日本，40 尺货柜装 20t/柜。

2. 方案论证

为平衡每月生产的产量，避免出现部分月停产，部分月加工任务过于繁重，结合主要加工蔬菜的品种成熟时间情况，初步安排产品季节平衡方案，见表 3-2（其中横线表示产品在此月份生产）。

表 3-2　季节平衡方案

品种	一月	二月	三月	四月	五月	六月	七月	八月	九月	十月	十一月	十二月
马蹄	—										—	—
青刀豆						—	—			—		
法国青刀豆						—	—			—		
荷兰豆				—	—							
甜豌豆				—	—							
毛豆荚							—	—				
蚕豆					—	—						
莲藕片	—									—	—	—
油菜花			—	—								
南瓜								—	—	—		

根据表 3-2，考虑实际生产能力，每月的生产情况见表 3-3。

表 3-3　月生产能力　　　　　　　　　　　　　　　　　t

品种	一月	二月	三月	四月	五月	六月	七月	八月	九月	十月	十一月	十二月
马蹄	250	250	0	0	0	0	0	0	0	0	200	200
法国青刀豆	0	0	0	0	0	340	100	0	0	340	100	0
青刀豆	0	0	0	0	0	340	100	0	0	340	100	0
荷兰豆	0	0	0	140	140	0	0	0	0	0	0	0
甜豌豆	0	0	0	140	140	0	0	0	0	0	0	0
毛豆荚	0	0	0	0	0	0	240	240	0	0	0	0
蚕豆	0	0	0	0	0	120	40	0	0	0	0	0
莲藕片	260	60	0	0	0	0	0	0	20	20	160	300
油菜花	0	0	200	100	0	0	0	0	0	0	0	0
南瓜	0	0	0	0	0	0	0	80	400	100	0	0
其他	50	40	200	50	20	0	20	80	30	0	0	0
合计	560	350	400	430	300	800	500	400	430	800	560	500

从表 3-3 可以看出，产量最大的月份为十月，月产量 800t，最少的月份为 2 月，月产量 350t，其余各月产量起伏不大，一条生产线可以满足需要。

三、实训操作标准及参考评分

实训操作标准及参考评分见表 3-4。

表 3-4　产品方案制定实训操作标准及参考评分

序号	实训项目	工作内容	技　能　要　求	满分
1	市场调研	①产品的市场销售情况 ②同类型食品厂的竞争情况 ③居民的生活习惯 ④地区的气候和不同季节的对生产的影响	市场调研要全面、细致。通过市场调研，能真实反映原料供应情况，当地市场需求，能为产品方案的制定提供理论依据	15
2	全年生产的产品品种、规格的确定	模拟某类型食品厂确定其产品的品种及规格	结合当地原料供应情况，根据充分的市场调研，尽量选择价格便宜的原料为生产对象。尤其是一种原料生产多规格的产品时，应力求精简，但也要对产品进行合理搭配	10
3	年产量、班产量的确定	根据食品厂的规模确定各品种产品的年产量，结合生产能力、生产时间等确定班产量	年产量和班产量确定合适，过大过小都不利于生产，其值要和原料的供应量、设备的生产能力、延长生产期的条件及每天的生产班次及产品品种搭配相适应	10
4	产品生产时间的确定	在产品方案表中划横线，表示相应时间进行生产	制定的产品方案应保证全年的生产日为300 天，不同种类的产品生产时间的制定应满足：原料供应季节性以及销售季节性的要求；产品方案应保证生产时间的平衡。避免出现部分月停产或部分月加工任务过重的情况	15
5	生产班次的确定	确定生产时间内每天生产需要几班	每天的生产班次一般为 1~2 班，季节性产品高峰期可以按 3 班考虑	10
6	产品品种搭配	确定主要产品和季节性产品的生产时间	主要产品的产品方案确定之后，要考虑用不受季节性限制的产品调节生产上忙闲不均的现象，同时，通过产品的合理搭配，使原料达到综合利用的目的	10
7	用图表对产品方案进行表达	以下两个表用于产品方案的表达： ①季节平衡方案(表 3-2) ②每月生产能力(表 3-3)	2 个表分别为 10 分，要求表的格式正确，内容详尽，与前面的方案的确定相一致	20
8	产品方案的合理性分析	制定两种以上的方案，根据实训步骤五中的比较项目进行综合比较分析	比较的项目全面，能从中找出一个最佳的方案。并能整理编制表 3-1	10

四、考核要点及评分

【实训评分】

产品方案制定考核要点及评分见表 3-5。

表 3-5 产品方案制定考核要点及评分

序号	考核项目	满分	考核要点及标准要求	总评分
1	前期设计资料的准备	20	对于要收集的资料应做好提纲,查阅相关工艺知识,准备充分。对有关技术表格和参考资料能深入分析	
2	实训态度	20	整个实训能听从指导,严格遵守各项要求,积极思考。深入食品厂进行现场实训时,能遵守食品厂的规章制度,能认真听技术人员的介绍,并能积极提出问题	
3	产品方案表的编制	30	将产品的规格、生产时间、班产量及生产班次都反映在一张产品方案表中	
4	实训报告的整理	30	实训报告格式规范,内容详实,尤其对相关劳动力问题能深入分析	

【考核方式】

采用模拟实验室、食品厂生产现场考核。考核以笔试、口试、案例答辩的方式进行,结合实训出勤和课堂提问情况进行考核。

思考与练习题

1. 什么是产品方案?制定产品方案时应遵循的原则是什么?
2. 产品班产量如何确定?

实训项目四　产品工艺流程的确定综合实训

一、基础知识

【概念】

工艺流程设计是食品工厂设计中非常重要的环节，它通过工艺流程图的形式，形象地反映了食品生产由原料进入到产品输出的过程，包括物料和能量的变化，物料的流向以及生产中所经历的工艺过程和使用的设备仪表。

【工艺路线选择原则】

在选择生产方法和工艺流程时，应考虑以下原则。

1. 先进性

先进性主要指技术上的先进和经济上的合理可行，具体包括基建投资、产品成本、消耗定额和劳动生产率等方面的内容，应选择易于加工、物料损失小、营养损失低、循环量少、能量消耗少和回收利用好的生产方法。

2. 可靠性

可靠性是指所选择的生产方法和工艺流程是否成熟可靠。如果采用的技术不成熟，就会影响工厂正常生产，甚至不能投产而造成极大的浪费。因此，对于尚在试验阶段的新技术、新工艺、新设备应慎重对待。要防止只考虑新的一面，而忽视不成熟、不稳妥的一面。应坚持一切经过试验的原则，不允许把未来的生产厂当作试验工厂来进行设计。另外，对生产工艺流程的改革也应采取积极而又慎重的态度，不能有侥幸心理。

3. 结合国情

我国正处在发展阶段，在进行工艺选择时，不能单纯从技术观点考虑问题，应从我国的具体情况出发考虑各种具体问题。

【生产方法和工艺流程确定的步骤】

确定生产方法，选择工艺流程一般要经过以下三个阶段。

1. 搜集资料、调查研究

这是确定生产方法和选择工艺流程的准备阶段。在此阶段，要根据建设项目的产品方案和生产规模，有计划、有目的地搜集国内外同类型生产厂的有关资料，包括技术路线特点、工艺参数、原材料和水、电单耗、产品质量、三废治理以及各种技术路线的发展情况与动向等技术经济资料。掌握国内外食品生产技术经济的资料，仅靠设计人员自己搜集是不够的，还应取得技术信息部门的配合，有时还要向咨询部门提出咨询。

2. 落实设备

设备是完成生产过程的重要条件，是确定技术路线和工艺流程时必然涉及到的因素。在搜集资料过程中，必须对设备予以足够重视。对各种生产方法中所用的设备，分清国内已有定型产品的、需要进口的及国内需要重新设计制造的三种情况，并对设计制造单位的技术力量、加工条件、材料供应及设计、制造的进度加以了解。

3. 全面对比

全面分析对比的内容很多，主要比较下列几项。

① 几种技术路线在国内外采用的情况及发展趋势。

② 产品的质量情况。

③ 生产能力及产品规格。

④ 原材料、能量消耗情况。

⑤ 建设费用及产品成本。

⑥ 三废的产生及治理情况。

⑦ 其他特殊情况。

二、实训内容与步骤

【实训目的】

① 掌握工艺流程设计的内容、程序、工艺流程图的绘制方法。

② 对给定某一产品工艺流程，可了解食品生产由原料到产品的整个流向和过程。

③ 对于给定某一产品工艺流程设计任务，可以确定各生产过程的具体内容、顺序和组合方式。

④ 了解工艺流程图的形式，并能规范绘制出工艺流程草图。

⑤ 能看懂工艺管道及仪表流程图中各项标注所代表的物理意义。

【实训要求】

① 实训态度认真，科学严谨。从事工艺设计时，必须全面、综合考虑，思路清晰，有条不紊，前后一致。只有这样，才能高质量地完成这项复杂又细致的设计任务。

② 在此项实训之前做好资料搜集等准备工作。

③ 对所设计内容应反复推敲，综合比较，最终确定技术上先进、经济上合理的工艺流程。

④ 绘制纯净水制备的工艺流程图，要符合制图规范，深度要求达初步设计（方案设计）深度即可。

【实训任务】

生产工艺流程设计的主要任务包括两个方面：其一是确定由原料到成品的各个生产过程及顺序和组合方式，以达到加工原料生产出产品的目的；其二是绘制工艺流程图。

【实训步骤】

1. 生产方法的确定

纯净水与矿泉水的质量标准不同。矿泉水是从地下深处自然涌出的或经人工揭露的、未受污染的地下矿水，其含有一定的矿物盐、微量元素或二氧化碳气体，在通常情况下，其化学成分、流量、水温等在天然波动范围内相对稳定。而纯净水是以符合生活饮用水卫生标准的水为水源，采用蒸馏法、电渗析法、离子交换法、反渗透法及其他适当的加工方法，去除水中的矿物质、有机成分、有害物质及微生物等加工制成的水。

纯净水的生产因原水水质不同，生产厂家使用的设备各异，生产工艺也不尽相同，在实训设计时，也可以不同，但基本上可分为过滤、脱盐和灭菌三部分。

过滤包括砂罐过滤、砂滤棒过滤、活性炭过滤等方法；脱盐就是将水中的盐分脱掉，可以采用一些软化装置，为了达到更好的效果，脱盐可以分为预脱盐（主要的脱盐过程用反渗透或电渗析）和深脱盐（用反渗透或离子交换装置把一级反渗透残留的少量盐分脱掉）；灭菌通常用紫外线或臭氧等方法。

本次实训采用的工艺过程简述为：从自来水厂来的原水，先经过过滤装置进行过滤，去除其中的悬浮物质以及部分胶体物质，再经过两级反渗透装置去除水中的盐分，最后经过臭氧发生器和紫外线灭菌器对水进行消毒，储存在纯净水箱中，待验及包装等。

2. 绘制纯净水制备的工艺流程方框图

工艺流程方框图又称为生产工艺流程示意图。在物料衡算前进行，定性地表明原料变成产品的路线和顺序，以及应用的各种化工单元过程及设备。在设计工艺流程示意图时，首先要清楚原料变成产品要经过哪些单元操作，其次要确定采用何种操作方式，是连续式生产或是间歇式生产。它可以用简单的设备流程图来表示，甚至可以用文字示意图表达。

在设计流程示意图时，力求在主要线路上做到技术先进，经济合理。

纯净水制备的工艺流程方框图如图 4-1 所示。

图 4-1 纯净水制备的工艺流程方框图

3. 选择设备及主要技术参数

初步选择设备，按流程顺序编号，提出主要技术参数，其他参数也可以在设备选型时再逐步完善。

4. 正确选择图幅和比例

由于图样采用展开图形式，图形多呈长条形，因而以前的图纸幅面均采用标准幅面加长的规格。加长后的长度以方便阅读为宜。近年来，考虑到图样绘读使用和底图档案保管的方便，有关标准已有统一规定，一般均采用 A1 图幅，特别简单的可采用 A2 图幅，且不宜加长或加宽。

设备比例约为 1：200、1：100 或 1：50，太小或太大的设备适当放大或缩小比例，标题栏中的"比例"一栏，不予注明。

5. 绘出设备小样

① 图形。设备在图上一般按比例用细实线画出能够显示形状特征的主要轮廓。

② 相对位置。设备间的高低和楼面高低的相对位置，一般也按比例绘制。低于地面的需相应画在地平线以下，尽可能地符合实际安装情况。对于有位差要求的设备，还要注明其限定尺寸。设在图框中摆放均匀，留出画物料线、管线等的位置。

6. 绘出主要管线、物料线、阀门和仪表符号等

7. 标注设备位号和名称

标注设备位号和名称，管道的标注在初步设计时可以简化（可在实训九中进行训练）。

图中设备除画出其轮廓图形外，还需对每一台设备按类别编出位号和名称，标注在其图形附近。

（1）示例

如图 4-2 所示。

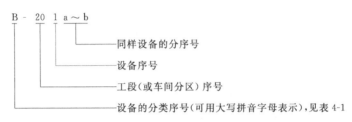

图 4-2　设备位号的表示方法

主项代号一般用两位数字组成，前一位数字表示装置（或车间）代号。后一位数字表示主项代号，在一般工程设计中，只用主项代号即可。装置或车间代号和主项代号由设计总负责人在开工报告中给定；设备顺序号用两位数字 01、02、…、10、11…表示；相同设备的尾号用于区别同一位号的相同设备，用英文字母 A、B、C、…表示。常用的设备分类代号见表 4-1，一般可用设备中文名称的首字母作代号，也可用设备英文名称的首字母作代号。

表 4-1　常用设备分类代号

设 备 分 类	代　　号	设 备 分 类	代　　号
泵类	B	储罐（槽）	R
反应器、转化器	F	提升、输送设备	Q
换热器类	H	塔器	T
工业炉类	L	压缩机、风机	J

（2）带控制点工艺流程图

带控制点工艺流程图，要标明有关控制点。

控制点就是生产线上用来监测或同时可控制工艺条件参数的仪器或仪表的安装测控位置。它使工艺流程图更加全面、完整、合理，是设备布置和管道设计的依据，并可供施工安装、生产操作时参考。

在工艺流程图和以后设计的车间设备工艺布置中控制点的表示用下述的一些图形符号

及标注方法表示，可不用直接画仪表或仪器的实际外形进行示意。

　　工艺生产流程中的仪表和控制点应该在有关管道上，并大致按安装位置用代号或符号予以表示。字母代号和阿拉伯数字编号组合起来，就组成了仪表的位号。

　　① 图形符号。检测仪表、显示仪表的图例均用圆圈来表示，并用圆圈中间的横线来区分不同的安装位置。仪表的常见图例和安装位置如图 4-3 所示。

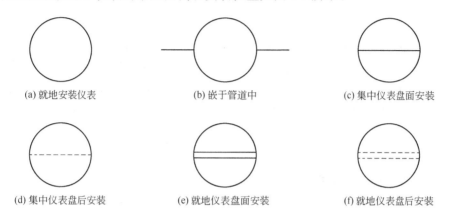

| (a) 就地安装仪表 | (b) 嵌于管道中 | (c) 集中仪表盘面安装 |
| (d) 集中仪表盘后安装 | (e) 就地仪表盘面安装 | (f) 就地仪表盘后安装 |

图 4-3　仪表的常见图例和安装位置

　　② 字母代号。表示被测变量和仪表功能的字母代号见表 4-2。

表 4-2　常见被测变量和仪表功能的字母代号

字母	第一字母		后续字母	字母	第一字母		后续字母
	被测变量	修饰词	功　能		被测变量	修饰词	功　能
A	分析		报警	N	供选用		供选用
B	喷嘴火焰		供选用	O	供选用		节流孔
C	电导率		控制或调节	P	压力或真空		连接点或测试点
D	密度	差		Q	数量或件数	累计、积算	累计、积算
E	电压		检出元件	R	放射性		记录或打印
F	流量	比(分数)		S	速度或频率	安全	开关或联锁
G	尺度		玻璃	T	温度		传达或变送
H	手动			U	多变量		多功能
I	电流		指示	V	黏度		阀、挡板
J	功率	扫描		W	重量或力		套管
K	时间或时间程序		自动或手动操作器	X	未分类		未分类
L	物位或液位		信号	Y	供选用		计算器
M	水分或深度			Z	位置		驱动、执行

　　③ 仪表位号。在检测控制系统中，一个回路中的每一个仪表（或元件）都应标注仪表位号，如图 4-4 所示。

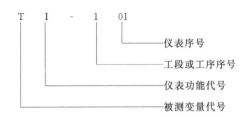

图 4-4 仪表位号的表示方法

所测物理量与仪表的代号及仪表的功能代号在控制点圆圈中排布的方式如下：表示物理量的字母写于圆内的最上部，紧跟其后为以数字编码的仪表编号（编号由表示工段或分区的一位数字及代表仪表序号的两位数字组成，如 T101 即为一例）；仪表的功能代号字母则填写在圆内下半部，如果仪表有一种以上的功能，则表示时应填写相应几种功能字母。

8.其他说明

其他需要说明的可以在图纸空白处写出，填写标题栏内容等。可包括以下几项必要的文字注解。

（1）图例

图例是将物料流程中画出的有关管线、阀门、设备附件、计量-控制仪表等图形用文字予以对照。

（2）设备一览表

设备一览表的作用是表示出物料流程中所有设备的名称、数量规格、材料等。设备一览表列在图签上部，由下往上写。它包括下列项目：①序号；②流程号（有的与序号合在一起）；③设备名称；④设备规格；⑤设备数量；⑥设备材料；⑦备注。

（3）图签（标题栏）

图签的作用是表明图名，设计单位，设计、制图、审核人员签名，图纸比例尺，图号等。其位置一般在流程草图右下角，其尺寸依据《机械制图》中的标准。设备一览表的长度需和图签长度取齐，这样显得整齐美观。

（4）图框（边框线）

图框采用粗线条，给整个流程图（包括流程图、图例、设备一览表和图签）以框界。幅面一般宽度依据《机械制图》中的标准。

物料流程、图例、设备一览表及图签的相对位置是由左至右展开排列的。先物料流程，然后图例，最后为设备一览表和图签。

【典型食品生产车间设计实例】

1.饮料车间设计

（1）工艺流程

果汁调配生产工艺流程见图 4-5。

（2）果汁调配系统主要生产设备

果汁饮料调配的主要生产设备见表 4-3。

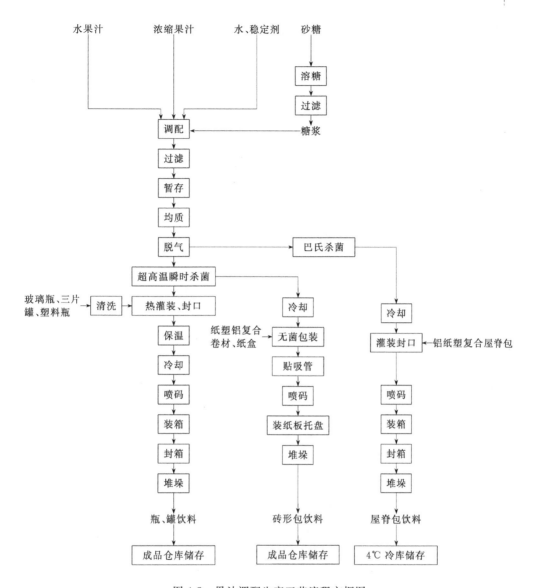

图 4-5 果汁调配生产工艺流程方框图

2. 焙烤食品车间设计

（1）二次发酵法生产面包的工艺流程（图 4-6）

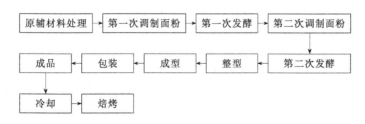

图 4-6 二次发酵法生产面包的工艺流程

（2）二次发酵法生产面包的生产设备（表 4-4）

表4-3　果汁调配系统主要生产设备

设 备 名 称	规 格	备 注
(1)2t/h调配系统		
溶糖系统		
双联过滤器		
糖液罐		
离心式卫生泵		
配料罐	2000L	
卧式离心过滤机	LH2H 2000kg/h	
真空脱气机	LH8B1 2500kg/h	
均质机	2000kg/h	
超高温瞬时杀菌机	LH4A3 2000kg/h	
CIP清洗系统		
(2)6t/h配料系统		
气动活塞泵	$3\sim4m^3/h,0.3MPa$	
压袋机		
储罐		
螺杆泵		
混合罐	4000L	
螺旋提升机		
溶糖罐	2000L	
离心式卫生泵	$10\sim15m^3/h,0.25MPa$	
糖浆过滤器		
糖浆储罐	3000L	
辅料混合溶解罐	300L	
热交换器	6000kg/h	预热用
真空脱气机	6t/h	
容积式泵		
均质机	$6m^3/h,25MPa$	
热交换器		杀菌用

表4-4　二次发酵法生产面包的设备一览表

序 号	设备名称	型 号	规 格	备 注
1	调粉机	WF-7		
2	自动切块机	CB-804		
3	揉圆机	CB-870	长15m	
4	面包饧发机	F-IS	17m×1.3m	自行设计
5	远红外烤炉			自行设计
6	冷却装置			自行设计

三、实训操作标准及参考评分

产品工艺流程确定实训操作标准及参考评分见表4-5。

表 4-5　产品工艺流程确定实训操作标准及参考评分

序号	实训项目	工作内容	技　能　标　准	满　分
1	纯净水生产方法的确定	简述工艺过程	确定的纯净水生产方法,应体现技术先进、经济合理等特点,用这种方法生产出的纯净水能达到相关质量标准,并且切实可行。根据生产规模、投资条件确定操作方式。对于目前我国的实际情况,采用半机械化、机械化操作很广泛,自动化操作是发展方向	10
2	表明物料流程	绘制方框图	绘制时无需在绘图技术上多花费时间,而要把主要精力用于工艺技术问题上。配合可行性论证中对设计方案的论证要求,粗线条地勾画并作出工艺流程设想的示意图。该图要能定性地标出物料由原料转变成为成品的路线,以及采用的各设备,内容包括工序名称、完成该工序工艺操作的手段(手工或机械设备名称)、物料流向、工艺条件等。物料流向用箭头表示,设备用方框图表示	15
3	选择设备	上网收集设备厂家的产品	根据确定的生产方法选择设备的类型,上网收集同类型设备的生产厂家,要提供设备相应的技术经济指标,并对设计制造单位的技术力量、技术条件、售后服务等方面加以了解	5
4	绘制工艺流程图	选图幅、比例	工艺流程图采用A1图幅,特别简单的可以采用A2的。物料流程制图的比例一般采用1:100。如设备过小或过大,则比例相应采用1:50或1:200	5
		绘制设备小样	图中的设备只画出大致轮廓和示意结构即可,设备的相对位置高低也不要求准确,但设备在图框中摆放均匀,并留出画物料线、管线等的位置,同时,设备一般都要进行编号,并在图纸空白处按编号顺序集中列出设备名称	15
		画管线、箭头、阀门和仪表	流程图中,物料管线应用粗实线画出,动力管线用中粗实线画出。在管道上用细实线绘出阀门和管件的符号。粗实线箭头表示主要物料流动方向,细实线箭头表示余料、废料的流动方向	5
		标注设备位号和名称	设备的位号和名称一般标注在相应设备的图形上方或下方,即在图纸的上端及下端两处,各设备在横向之间的标注方式应基本排成一行。设备位号和名称一般用粗实线分开,线上注明设备位号,线下注明设备名称	10
		填写标题栏等文字说明	标题栏(图签)的作用是表明图名,设计单位,设计、制图、审核人员签名,图纸比例尺,图号等。其位置一般在流程草图右下角,其尺寸依据《机械制图》及实训二中的标准	7
		设备一览表	设备一览表的长度需和图签长度取齐,这样显得整齐美观。设备一览表的作用是表示出物料流程中所有设备的名称、数量规格、材料等。设备一览表是列在图签上部,由下往上写。它包括下列项目:序号、流程号(有的与序号合在一起)、设备名称、设备规格、设备数量、设备材料、备注等	8
5	熟知仪表控制点的表示方法	图形符号	能看懂图形符号、字母代号和仪表位号所代表的物理意义,能从中获悉被测变量和仪表的功能	10
		字母代号		
		仪表位号		

四、考核要点及评分

【实训评分】

产品工艺流程确定考核要点及评分见表4-6。

表4-6　产品工艺流程确定考核要点及评分

序号	实训内容	相 关 知 识	技 能 标 准	满分	评分
1	资料准备	开展食品厂产品工艺流程设计,最初的工作就是掌握设计的技术条件,这是工艺设计的基础资料。包括同类型食品厂产品的工艺流程,先进的工艺流程等资料的收集	要有条不紊、迅速准确地得到产品工艺流程设计的基础资料,并安排补充收集和资料核实工作	20	
2	实训态度	实训是食品专业学生的必修课,实训成绩单独考核。实训成绩的考核分优、良、中、及格和不及格五个等级。其中,实训态度直接影响实训效果	学生应认真完成各次实训任务,及时进行总结。听从指导,态度科学严谨	20	
3	工艺路线选择	产品种类繁多是食品工厂区别于其他工厂的特点。主要产品工艺路线的选择直接关系到整个食品工厂其他产品的生产,因此一定要合理选择	主要产品工艺路线应经济合理、技术先进、设计规范,符合选择原则(参看前面介绍)	20	
4	工艺流程图的绘制	把各个生产单元按照一定的目的要求,有机地组织在一起,形成一个完整的生产工艺过程,并用图形描绘出来,即是工艺流程图	生产工艺设备流程图中应有有关设备的基本外形、工序名称、物料流向。注意生产流程顺序和高低位置在图面上自左至右展开。物料流程、图例、设备一览表及图签的相对位置是由左至右展开排列的。先物料流程,然后图例,最后为设备一览表和图签	20	
5	对带控制点的工艺图能正确读出	带控制点的工艺流程图又称为工艺管道及仪表流程图,是由工艺人员与自控人员合作进行绘制的。它是设备布置和管道布置设计的依据,并可供施工、安装、生产操作时参考	不需要进行绘制,能看懂此图即可。清楚仪表控制点的表示方法,能读懂仪表常见图例和安装位置	20	

【考核方式】

在制图室和计算机机房以及模拟实训室进行,从出勤率、劳动态度与表现、团结合作互助精神,与企业人员相处的协调性等多方面来评定成绩。考核地点设在校内实训基地中进行,既可以充分利用教学基地的资源优势,又可以使学生反复学习与训练。

思考与练习题

1. 设备位号 R1201A 表示什么含义?

2. 论述乳粉厂工艺流程设计的步骤和包含的内容。

实训项目五　物料衡算综合实训

一、基础知识

【概念】

物料衡算主要是计算食品生产中原辅材料与产品之间的定量关系，也就是计算各种原料的消耗量，各种中间产品、副产品、成品的产量及其组成，还包括该产品所用包装材料的计算。

【理论依据】

物料衡算的理论依据是质量守恒定律，即在一个孤立物系中，不论物质发生任何变化，它的质量始终不变。

【物料衡算方程式】

根据质量守恒定律，凡引入某一系统或设备的物料质量 G_m，必等于所得到的产物质量 G_p 和物料损失质量 G_t 之和，即：$G_m = G_p + G_t$。

【物料衡算的范围】

为了计算方便，进行物料衡算时，必须首先确定衡算的范围。这个范围一经确定，即可视为一个独立体系。物料衡算研究某一个体系内进、出物料量及组成的变化。它可以根据实际需要人为地选定。体系可以是一个设备或几个设备，也可以是一个操作单元、一个工段、一个车间或整个厂。凡进入体系的物料均为输入项，离开体系的物料均为输出项。如图 5-1 所示。

图 5-1　物料衡算体系

【计算基准】

在物料衡算过程中，计算基准选得恰当，可以大大简化计算，所以计算基准一定要选准。在物料衡算中，按照不同实际情况，可选择单位质量、单位体积或单位时间为计算基准。单位质量和体积可以采用如 1t、1kg 和 1m³ 作为计算单位，单位时间可以采用如 1 批、1h、1d 和 1a。

间歇生产过程的物料衡算一般以每批产量作为计算基准，而连续过程等的物料衡算则采用每小时产量作为计算基准。

在进行物料衡算过程中还必须注意，将各个量的单位统一为同一单位制，同时要保持前后一致，以避免发生差错。

二、实训内容与步骤

【实训目的】

掌握物料衡算的基本原理，熟知物料衡算的程序和方法。

【实训要求】

根据某一食品的生产工艺流程方框图，按照工艺数据资料，计算并绘制食品生产的物料平衡图，深度要求达初步设计（方案设计）深度即可。

【实训步骤】

1. 弄清题意和计算的目的要求

要充分了解物料衡算的目的要求，从而决定采用何种计算方法。

2. 画物料流程简图

为了使研究的问题形象化和具体化，使计算的目的正确、明了，通常使用框图和线条图显示所研究的系统。图形表达方式宜简单，但代表的内容应准确、详细。把主要物料（原料或主产品）和辅助物料（辅助原料或副产品）都应在图上表示清楚，不得有错漏，必须反复核对。

3. 选择计算基准

计算基准是工艺计算的出发点，选得正确，能使计算结果正确，而且可使计算结果大为简化。因此，应该根据生产过程特点，选定统一的基准。

4. 物料衡算的步骤

进行物料衡算时，尤其是那些复杂的物料衡算，为了避免错误，建议采用下列计算步骤。对于一些简单的问题，这种步骤似乎有些烦琐，但是训练这种有条理的解题方法，可以培养逻辑思考问题的能力，对学生今后解决复杂的问题是很有帮助的。计算步骤如下。

① 收集计算数据。所收集的资料包括：生产规模，班产量，年生产天数，原料、辅料和产品的规格、组成及质量，原料的利用率等。

② 画出物料流程简图。

③ 确定衡算体系（范围）。

④ 对于有化学反应的体系，写出化学反应方程式，包括主反应和副反应，标出有用的相对分子质量及各组分的摩尔比。

⑤ 选择合适的计算基准，并在流程图上注明所选的基准值。

⑥ 列出物料衡算式，然后用数学方法求解。

⑦ 将计算结果编制物料平衡表或画出物料平衡图。

物料平衡图是根据任何一种物料的质量与经过加工处理后所得的成品及少量损耗之和在数值上是相等的原理来绘制的，平衡图的内容包括：物料名称、质量，成品质量，物料的流向，投料顺序等项。绘制物料平衡图时，实线箭头表示物料主流向，必要时用细实线表示物料支流向。

【物料衡算实例】

现以二次发酵法生产面包为例，说明物料衡算的基本方法。

已知：班产量2000kg，食品规格为100g糖圆面包，其配方如下：

标准粉	142.9kg
鲜酵母	0.86kg
	（这里取面粉的0.6%进行计算）
白砂糖	14.3kg（占面粉的10%）
植物油	1.43kg（占面粉的1%）
精盐	1.07kg（占面粉的0.75%）
糖精	0.02kg（占面粉的0.014%）
鸡蛋	5.72kg（占面粉的4%）

要求：绘制物料平衡图（以班次计算）

具体设计步骤如下。

1. 绘制面包生产工艺流程图

面包生产工艺流程图如图5-2所示。

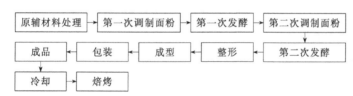

图5-2　二次发酵法生产面包工艺流程图

2. 根据该食品配方求出班产量为2000kg时各物料的投料量

标准粉	2000kg
鲜酵母	2000×0.6%＝12kg
白砂糖	2000×10%＝200kg
植物油	2000×1%＝20kg
精盐	2000×0.75%＝15kg
鸡蛋	2000×4%＝80kg
糖精	2000×0.014%＝280g

3. 调粉投料

采用二次发酵法生产面包，需经2次调粉。每次调粉加水量占所加面粉量的40%～50%（视面粉含水率而定）。

（1）第一次调粉投料（设面粉含水率偏高）

面粉	2000×40%＝800kg
水	800×40%＝320kg
酵母	12kg

| 砂糖 | $12×10\%=1.2kg$（相当于酵母量的10%） |

因此，第一次调粉投料量为：$800+320+1.2=1121.2kg$

（2）第二次调粉投料

留出干面粉	$2000×3\%=60kg$
加入面粉	$2000-800-60=1140kg$
加水量	$1140×40\%=456kg$
砂糖	$200-1.2=198.8kg$
糖精	$280g$
鸡蛋	$80kg$
植物油	$20kg$
食盐	$15kg$

第二次调粉投入量应将第一次发酵的面团——醪子（1121.2kg）计算在内。所以第二次投料量为：$1121.2+1140+456+198.8+0.28+80+20+15=3031.28kg$

总投料量为 $3031.28+60$（干粉）$=3091.28kg$。

4. 烘焙后的成品质量与正常损失

面包烘焙损失比按下式计算

$$D=[(总投料量-烘焙后的面包质量)/总投料量]×100\%$$

式中，D 为烘焙损失比，%。烘焙过程中，面包坯要损失 10%～12% 左右的物质，其中水分约占94.88%，乙醇约占1.46%，二氧化碳约占3.27%，其他约占0.39%。

烘焙过程中的正常损失量$=3091.28×12\%=370.95kg$

成品面包质量$=总投料量损失量-损失量=3091.28-370.95=2720.33kg$

实际生产中，还应当考虑到正常操作过程损耗，一般按 1%～5% 计算。将计算结果以物料平衡图表示，如图5-3所示。

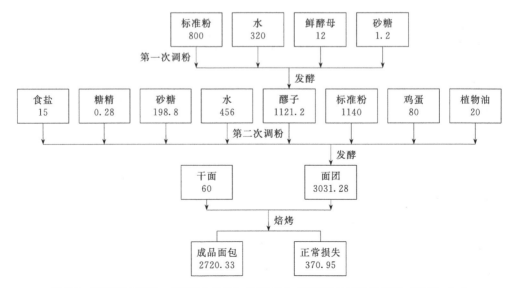

图5-3　班产量2000kg（以面粉量计）生产100g糖圆面包物料平衡图（单位：kg）

三、实训操作标准及参考评分

物料衡算实训操作标准及参考评分见表 5-1。

表 5-1 物料衡算实训操作标准及参考评分

序号	实训项目	设计内容	技能要求	满分
1	物料流程图的绘制	标明物料的进出体系情况	物料流程图要以生产工艺为基本依据,要用箭头标明物料的进出方向,对于物料的数量、组成等条件也应适当标注	15
2	准备工作	收集有关数据	做充分的准备工作,应该对计算所用到的基本数据如生产规模、生产班次、班产量、消耗定额等应系统收集,尤其是同类产品的计算数据可拿来做参照	10
3	清楚计算任务	原料消耗量 辅料消耗量 包装容器消耗量	此次实训不仅对原料进行计算,辅、包装材料的消耗也要计算。不仅对进入系统和从系统出去的物料进行计算,还要计算损失量	15
4	选择计算基准	以班产量为基准	计算基准要求选的准确,所选计算基准能便于计算,能为很多计算任务提供依据	10
5	主要技术经济指标确定	物料利用率 原料消耗定额的确定	对于这类经验数据,也需要进行认真仔细的调查研究,并能确保对计算有利	10
6	校核整理计算结果	列出物料衡算表	物料平衡表的格式应按规范,每种物料的用量不仅用质量表示,还要计算出质量百分比,并标明物料损失情况	20
		绘制物料平衡图	标准的物料平衡图应包括物料名称、质量、流向,物料损失率,投料的顺序,产品质量等。图中箭头也应按规范标注:实线箭头表示物料主流向,细实线表示物料支流向	20

四、考核要点及评分

【实训评分】

物料衡算考核要点及评分见表 5-2。

表 5-2 物料衡算考核要点及评分

序号	考核项目	满分	考核要点及标准要求	评分
1	实训工作态度	20	对所安排的实训项目能积极思考,同小组成员分工合作,独立完成。计算细致,准确	
2	计算结果的整理	40	计算结果要以物料衡算表和物料衡算图的形式表示,要符合制图和列表规范,基本工艺严格按生产表示,相关计算任务和结果在其上均有体现,最后还要对计算结果进行校核	
3	计算结果的分析	20	对于计算出来的物料衡算结果能认真分析,尤其能分析出所设计的生产过程存在的问题,并找出问题的关键,进一步为改进生产工艺做准备	
4	相关资料准备	20	准备的资料要求齐全准确,能为计算提高可靠的工艺技术经济指标	

【考核方式】

针对不同的物料衡算任务，具体计算。每十人一小组，设定一个物料衡算任务，分别考核。

思考与练习题

1. 原料消耗定额如何计算？

2. 衡算基准如单位时间、单位质量、体积如何确定？

3. 物料衡算的意义。

4. 对日处理1000t大豆浸出油厂进行物料衡算。

实训项目六　食品厂设备选型综合实训

一、基础知识

【食品厂设备类型】

食品工厂生产设备大体可分四个类型：计量和储存设备，通用机械设备，定型专用设备和非标准专业设备。

通常食品厂所涉及的设备分为专业设备（定型设备）、通用设备和非标准设备。食品工厂中定型专用设备可根据工序的处理量和设备的铭牌额定产量确定设备的数量；通用标准设备的生产能力则随物料、产品品种、生产工艺条件等的改变而改变（如输送设备、泵、换热器等）；非定型设备及其他则需要根据工艺条件进行必要的工艺计算方可确定设备的具体形式、结构尺寸及其他。

专业设备和通用设备通过购买得到；而非标准设备需要自行或请人进行设计和订制。非标准设备现在已很少选用，而且都是一些辅助设备，这里不加详细说明。主要掌握一些选购专业设备和通用设备的原则及注意事项。

【原则】

从设备经济学的角度来说，设备选型必须根据企业的经济实力，从技术经济指标合理方面综合考虑，既要满足生产、工艺和食品卫生的要求（即技术指标），又要综合考虑以最少的投资选购高质量、高效率、功能全和能耗小的设备，获得最好的经济效益（即经济指标）。这就需要设备选型工作人员熟悉工艺人员给出的具体工艺要求，同时必须掌握食品机械的前沿科技和产品信息，尽量多地收集资料，结合企业实际情况进行综合比较。

从运行稳定性角度来说，合理的设备选型要保证生产操作简便、清洗和维修方便、运行可靠、出现故障少，此外还要考虑配套性好和选用必要的备用设备，保证在重要设备检修期间也能进行正常生产。

重要设备或高压设备要有专人管理，操作人员必须进行专业培训，非专业人员不能操作。生产设备要定期进行检修和保养。可见设备的管理也是保证生产设备系统运行稳定的重要因素。

实际生产中，进行设备选型时要全面考虑以下六方面具体原则。

① 与生产能力相匹配的原则。

产品产量是选定加工设备的基本依据。设备的加工能力、规格、型号和动力消耗必须与相应的产量相匹配，并且考虑到停电、机器保养、维修等因素，设备选型应具有一定的储备系数。满足工艺要求，保证产品的质量和产量。

② 利于加工设备在生产线上相互配套的原则。

要充分考虑到各工段、各流程设备的合理配套，保证各设备流量的相互平衡，即同一工艺流程中所选设备的加工能力大小应基本一致，这样才能保证整个工艺流程中各个工序间生产环节间的合理衔接，保证生产的顺利进行。

③ 设备的先进性、经济性原则。

质量是企业的生命，设备是质量的保证。设备选型时，应综合考虑其性能价格比，才能获得较理想的成套设备。并且在符合投资条件的前提下，应重视科技进步与科技投入，不断引进和吸收国内外最新技术成果和装备，尽可能选择精度高、性能优良的现代化技术装备。应选用较先进、机械化程度较高的设备。

④ 工作可靠性原则。

生产过程中，任何一台设备的故障将或多或少地影响整个企业生产，降低生产效率，影响生产秩序和产品质量，因此选择设备时应尽量选择系列化、标准化的成熟设备，并考虑到其性能的稳定性和维修的简便性。由合理的自动控制系统控制温度、压力和真空度、时间、速度、流量等工艺参数。

⑤ 利于产品改型及扩大生产规模的原则

为了维持企业的可持续发展，生产厂家应根据生产的产品品种及生产规模来合理选择设备，注意选用通用性好、一机多用的设备，便于在人们消费、饮食习惯发生变化时对产品进行改型；在产品具有一定消费市场、经济效益较好、流动资金充足时，为了便于扩大生产尽可能选用易于配套生产线的设备。

⑥ 应符合卫生要求，应多用不锈钢材料。

二、实训内容与步骤

【实训目的】

熟悉食品厂设备选型的内容、基本原则以及计算方法。

【实训要求】

① 要求学生在实训中做到将所学专业理论知识同实际的工厂设计实践结合起来。

② 能根据食品生产工艺流程、工艺计算数据资料计算和选择食品生产设备，并编制食品生产车间设备一览表，深度要求达初步设计（方案设计）深度即可。

③ 学生根据教师指定的实训任务，本着严谨的科学态度，听从指导，遵守各项要求，使自己独立分析问题、解决问题的能力得以提高。

④ 本次实训时间为一周，安排在食品工厂设计理论课讲授之后进行。

【设备选型任务】

设备选型是在工艺设计基础上进行的，其目的是确定车间内工艺设备的类型、规格和台数，为车间的平面布置、设备的安装提供具体资料。

【实训步骤】

① 收集设备样本或上网查找。设备生产厂家普及国内外，其型号、规格不一，设计

者应正确选择设备，满足工艺要求，确保食品厂产品的产量和质量。

② 对工艺实验室的设备型号、厂家、性能进行资料收集，并整理编写设备清单（表6-1）。

表6-1 设备清单

序 号	生 产 设 备	技术要求	台 数	生产厂家
1				
2				
3				
4				
5				

③ 对设备进行选型（以面包生产线为例）。根据年工作日、年产量、班产量等数据进行选型，见表6-2。

表6-2 面包生产线设备选型一览表

序 号	设备名称	型 号	规 格	备 注
1	调粉机	WF-7		
2	自动切块机	CB-804		
3	揉圆机	CB-870	长15m	
4	面包饧发机	F-IS	17m×1.3m	自行设计
5	远红外烤炉			自行设计
6	冷却装置			自行设计

④ 根据所有设备选型，详细编制设备一览表，初步设计阶段由于资料不全，内容可以较简单，留出空格，待施工图阶段进一步补充完善，但设备位号和名称应与初步设计保持一致，添加的设备重新编制设备位号，见表6-3。

表6-3 设备一览表

序号	设备位号	名称及规格	图号或型号	单位	数量	材料	质量/kg 单	质量/kg 总	备注

【实训实例】

以果蔬、食用菌等软包装罐头生产为例介绍食品机械设备选型的具体方法。

1. 收集企业资料

（1）企业基本资料

首先要收集加工企业的生产规模（400t/年，0.25t/h）、生产工艺参数和要求等方面的基本资料。

果蔬、食用菌等软包装罐头具体生产工艺流程如下：盐渍原料→挑选去杂→浸泡脱盐→漂洗切制→还原护色→沥水降温→称重装袋→添加汤汁→真空封口→杀菌冷却→保温质检→装箱入库。

工艺要求为：脱盐终点为含盐量 0.6%，80℃恒温护色，真空度为 0.08～0.09kPa，封合温度为 180～200℃，封口宽度大于 0.6cm，杀菌公式为（10min－30min－10min）/80℃，40℃以下水冷却。

其次根据企业的经济实力和要求的投资产品率、投资利润率、投资效益系数和投资回收期等技术经济指标控制设备总投资，保证要求的经济效果。

（2）企业车间平面布置和公用系统要求

收集设备流程确定所需机械设备的数量、生产能力，车间结构和尺寸，操作工人数量等资料。根据车间平面布置图得到设备具体布置位置、尺寸要求、管路布置和用水用汽位置等资料。根据设计计划任务书中给排水、供电、供气、采暖和通风、制冷等公用系统的要求，掌握企业实际情况，为选用设备提供基础资料。

按工艺流程及车间布置确定的具体果蔬、食用菌等软包装罐头生产设备流程如下：挑选去杂设备→清洗脱盐设备→切制整形设备→预煮漂烫设备→称量装袋设备→物料输送设备→成品包装设备→高温杀菌设备。

此外，还包括提供能源的锅炉及不锈钢拣选台等辅助设备。设备要求：配套生产能力 0.25t/h、清洗、包装需配备用设备，其余按工艺要求（具体要求略）。

2. 收集产品信息

① 果蔬、食用菌设备现状及趋势。

国外果蔬的商业化加工已有近百年发展史，各种加工手段及设备比较完善，并已形成拥有自己的设备设计制造基地、主导产品和相对稳定消费市场的一个国际化生产行业。随着整个世界经济的发展，技术的进步和社会文明程度的提高，果蔬加工机械行业保持较快的发展。

在我国，果蔬加工起步较晚，发展较慢，起步于 20 世纪 70 年代，发展于 80、90 年代，近 10 年的果蔬生产处于飞速发展阶段。但加工机械在整个食品机械中发展明显滞后，表现在没有形成一个有一定规模、相对稳定的市场，缺少专用的成套设备，规模化生产少，多数采用通用设备，大多数为单机组配生产。

针对果蔬加工机械的发展趋势，国内外科研机构及果蔬加工机械设计所将果蔬加工设备发展的趋势总结为大型化、自动化，大力开发成套设备的核心设备，大力开发蔬菜制品系列成套设备。

② 比较设备、市场和厂家，考察产品生产，收集同类企业通用设备运行信息。

根据果蔬、食用菌设备发展现状及趋势，宜选用通用性好的单机组配，个别设备宜选用新开发设备。有目标地收集好设备流程中所列设备的生产厂家、生产能力、性能参数、价格、基本尺寸，为进行单机性能价格比较和确定配套设备提供基础依据。

在完成上述内容后，很关键的一步是走访国内外同类企业，尽量多地了解已投产企业的生产情况，设备运行情况以及实际生产中存在的问题，这是设备选型人员工作的重点，也是新建企业的优势所在。实际考察中存在部分企业真空包装设备选型配套性差，造成了资源浪费，部分设备运行可靠性差，单机停用影响生产等问题。

3. 进行机械设备单机分析比较并确定工艺设备

严格按照上述食品机械选型的原则，依据上述工艺要求和具体参数；根据果蔬、食用菌加工企业的经济实力，生产规模及自动化程度，在上述设备流程基础上，对具体设备在质量、参数、生产能力、功率、价格、维修、操作、售后等多方面进行综合分析比较，确定最佳配套方案。

果蔬、食用菌加工设备中，清洗脱盐设备、真空包装设备、杀菌设备为比选的关键设备，是设备选型时分析的重点，切菜设备、预煮护色设备及输送设备其次，可根据实际情况自行定做或考虑是否选用。

三、实训操作标准及参考评分

设备选型实训操作标准及参考评分见表 6-4。

表 6-4 设备选型实训操作标准及参考评分

序号	实训项目	实训内容	技 能 要 求	满分
1	工艺设备选型	焙烤设备型号的确定	通过网上资料收集和对相关焙烤设备企业的了解,结合该厂的生产能力及规模正确选择设备型号,使其价格合理,符合国情和厂情,效率高,无毒,易拆洗,应选用较先进、机械化程度较高的设备	15
		生产能力的确定	使该设备满足该厂生产要求,使产品质量和数量均达设计要求,同时,设备生产能力要大于实际需要,留有适当富余。在同一生产线上的设备,后道工序的设备生产能力要略大于前道工序的生产能力	15
		台数的确定	设备的台数应与设备的型号、生产能力以及该厂的生产规模保持一致。主要设备应考虑备用设备	10
2	设备论证调研	设备企业资料收集	要了解设备生产企业的经济实力,看其是否有稳定的市场及一定的规模	10
		产品信息收集	该项实训包括设备生产能力、性能参数、质量,功率及操作等方面进行综合分析比较	10
		占地面积	对设备的基本尺寸、占地面积进行调研,当同类型设备进行比较时,应选择体积小、重量轻的设备	10
		售后维修	所选设备应便于维修,有较为广泛的售后维修网点,维修费用少	10
		价格	要根据国情和厂情选择设备,价格要合理,以保证经济上合理。应符合本厂的生产规模和技术力量	10
3	设备一览表	编制设备一览表	按表 6-3 所列项目,一一填写,内容可以较为简单,但设备位号与名称应与初步设计保持一致	10

四、考核要点及评分

【实训评分】

设备选型考核要点及评分见表6-5。

表6-5 设备选型考核要点及评分

序号	考核项目	满分	考核要点及标准要求	评分
1	实训工作态度	20	学生应认真完成各次实训任务,及时进行总结。听从指导,态度科学严谨	
2	相关资料准备和收集	30	此项实训包括食品机械设备厂的产品等信息的收集,也包括食品厂产品、工艺资料的准备。要有条不紊地逐一准备	
3	设备一览表的编制	30	根据前期的资料准备工作和设备论证调研工作,将设备的型号、台数及生产能力等内容编制成设备一览表,内容简单明了,但内容具体	
4	实训报告总结	20	实训报告格式规范,内容翔实,尤其对相关劳动力问题能深入分析	

【考核方式】

在计算机房、工艺实验室、模拟实训室进行考核。

从学生的实训出勤,课堂表现以及实训技能操作规程、实训报告的撰写等几个方面综合进行考核。

思考与练习题

1. 食品厂设备的分类。

2. 食品厂设备选型的内容及其选型原则。

3. 什么是设备的铭牌?

4. 当几种产品需要同时使用一台设备或当几种产品单独使用该设备时,设备的生产能力应如何确定?

实训项目七　食品厂劳动力定员与计算综合实训

一、基础知识

【劳动力定员的组成】

食品工厂职工按其工作岗位和职责不同可分为两大类：生产人员和非生产人员。其中生产人员包括基本工人和辅助工人；非生产人员包括管理人员和服务人员。基本工人就是岗位生产人员，保证生产的动力、维修、化验、运输等人员属于辅助工人，食品工厂中的技术人员和行政人员属于管理人员，而像警卫、卫生等后勤为服务人员。

其中行政管理人员和技术人员，应依据企业规模、性质、生产组织等情况而定，实行责任制，工人实行岗位制。

【劳动力定员的依据】

在对食品工厂进行劳动力定员的时候，通常按以下几方面考虑。

① 工厂和车间的生产计划。如产品品种和产量。

② 劳动定额、产量定额、设备维护定额和服务定额。

③ 工作制度（连续或间歇生产、每日班次）。

④ 出勤率（指全年扣除法定假日，病、事假等因素的有效工作日和工作时数）。

⑤ 全厂各类人员的规定比例数。

【劳动力计算的意义】

劳动力主要用于工厂定员编制、生活设施（如更衣式、食堂、厕所、办公室、托儿所等）的面积计算和生活用水、用汽量等方面的计算。同时对工厂设备的合理使用、人员配备，以及对产品产量、定额指标的制定都有密切关系。

在食品工厂设计中，定员不宜定得过多或过少。合理的劳动力安排，必须通过严格的劳动力计算，才能充分发挥劳动力的作用，使得劳动率更有其实际价值。劳动力的计算对正常生产有直接关系。

在实践中，劳动力数量既不能单靠经验估算，也不能将各工序岗位人数简单地累加，而当前用劳动生产率乘以班产量得到劳动力总数的计算方法有着很大的局限性，已不适应当前日益发展的生产需要。

二、实训内容与步骤

【实训目的】

了解食品工厂劳动定员的意义，掌握新旧两种劳动力的计算内容及方法，对某一食品厂劳动力定员情况进行理论分析，并能独立完成某规模食品厂的劳动力定员。

【实训要求】

① 此项实训要求学生能深入食品厂，了解该厂的人员组成，并对人员结构进行分析，取得第一手资料。

② 实训过程中，态度积极，对于计算任务均能认真完成。

③ 实训能认真总结，对过程中出现的问题能加以分析，及时解决。

【实训步骤】

1. 调查食品厂的劳动力定员情况

对食品厂的劳动力定员情况进行调查，并整理成报告。调查对象包括以下几个方面。

① 自动化程度较低的食品厂。

② 自动化程度较高的食品厂。

③ 同一条生产线上，自动化程度不同的工序的情况调查。

2. 掌握旧的劳动力计算公式的应用和局限性

旧的劳动力计算方法如下。

（1）计算公式

此计算劳动力的方法主要是根据生产单位质量的品种所需要的劳动工日来计算，一般是按车间来计算，对于生产车间来说：

$$每班所需工人数（人/班）＝劳动生产率（人/t 产品）×班产量$$
$$车间工人总数＝各班或各工段工人总数之和$$

全厂工人总数则为各车间所需工人之总和。

通过上述计算，首先确定每个班的工人数，进一步算出车间工段工人数，根据各车间的实际工人数得出了全厂工人总数，最后为计算全厂总人数有了计算依据。

（2）局限性

① 劳动生产率难以确定。

用于食品工厂劳动计算的劳动生产率是指单位质量产品所需劳动工日，是工厂实际生产水平的反映，是由技术经济分析后所选择的设计方案决定的，劳动生产率的高低并不能反映设计方案的好坏。新建工厂时因考虑到同类产品竞争等因素，合理地选择符合实际情况且经济效果最好的设计方案，该方案并不是工厂实际生产水平的反映，因此其劳动生产率无法准确确定。

② 计算结果无法满足后续设计工作的需要。

在后续设计工作中经常用不同的劳动力数据，如食堂设计以每班人数为依据，更衣室设计时以旺季三班人数总数和男女比例为依据，制定岗前培训计划是以工种人数为依据。这就要求在进行劳动力计算时，不仅要计算出总数，还要对劳动力的性别、工种、文化程度及性质等方面进行统计，而当前的计算方法忽略了这种需要。

3. 对利乐包装饮料生产车间的劳动力进行计算

（1）确定工艺流程

由食品工厂的工艺设计可知其工艺流程如下：

调配→包装→贴管→装箱→缩膜→入栈→检验→入库

（2）确定设备的生产能力及操作要求

由设备选型资料可知，设备的生产能力及操作要求见表7-1。

表7-1 利乐 TBA/8 生产车间设备的生产能力及操作要求

设 备 名 称	生产能力	数量	操作人员素质要求	每台所需人数
无菌包装机	6000 包/h	4	大学以上学历	1
贴管机	7500 包/h	4	技术工人	1
缩膜机	1100 箱/h	1	技术工人	1

（3）确定工序生产方式

由相关设计资料可知，利乐 TBA/8 车间生产工序见表7-2。

表7-2 利乐 TBA/8 车间生产工序

工 序 名 称	生 产 方 式
调配	由调配车间调制好调配液,经管道自动送入无菌包装机
包装	采用利乐无菌包装机生产,然后由传送带自动送入贴管机
贴管	由贴管机自动贴管后经传送带自动送到装箱处
装箱	人工装箱后送入缩膜机进行缩膜
缩膜	由缩膜机自动缩膜
入栈	由人工将缩膜好的每箱饮料在栈板上分层摆放
检验	由检验员对已摆好的每栈板上的饮料进行检验
入库	由运输设备搬运入库

（4）计算班产量

根据产品方案可知班产量，但这是一个平均值，而劳动力的需求应按最大班产量来计算，这样才能使生产需求和人员供应达到动态平衡。利乐 TBA/8 车间的班产量主要是由无菌包装机所决定的。若每班工作 8h，则：

$$班产量＝4(台)\times6000[包/(h \cdot 台)]\times8h/班＝19200(包/h)$$
$$＝8000(箱/班)(注:1箱＝24包)$$

（5）各生产工序的劳动力计算

① 对于自动化程度较低的生产工序，即基本以手工作业为主的工序，根据生产单位质量品种所需劳动工日来计算，若用 P_1 表示每班所需人数，则

$$P_1(人/班)＝劳动生产率(人/产品)\times班产量(产品/班) \tag{1}$$

大多数食品厂同类生产工序手工作业劳动生产率是相近的。若采用人工作业生产成本低，也经常选用该种生产方式。

② 对于自动化程度较高的工序，即以机器生产为主的工序，根据每台设备所需的劳动工日来计算，若用 P_2 表示每班所需人数，则

$$P_2(人/班)＝\sum K_i M_i(人/班) \tag{2}$$

式中，M_i 为 i 种设备每班所需人数；K_i 为相关系数，其值≤1，影响相关系数大小

的因素主要有同类设备数量、相邻设备距离远近及设备操作难度、强度及环境等。

③ 生产车间的劳动力计算。

在工厂实际生产中，常常是以上两种工序并存。若用 P 表示车间的总劳动力数量，则

$$P = 3S(P_1 + P_2 + P_3)(人) \tag{3}$$

式中，3 表示在旺季时实行 3 班制生产；S 为修正系数，其值≤1；P_3 为辅助生产人员总数，如生产管理人员、材料采购及保管人员、运输人员、检验人员等，具体计算方法可查阅设计资料来确定。

男女比例由工作岗位的性质决定。强度大、环境差、技术含量较高的工种以男性为主，女性能够胜任的工种则尽量使用女工。此外，能够采用临时工的岗位，应以临时工为主，以便加大淡、旺季劳动力的调节空间。

利乐 TBA/8 车间生产工序劳动力计算情况见表 7-3。

表 7-3　利乐 TBA/8 车间生产工序的劳动力计算

工序名称	计算依据	人数	性别	文化程度	主要职责
包装	公式(2)相关系数 $K_{包装}=1$	4	男	大学以上	无菌包装机的操作、保养及车间设备的维修
贴管	公式(2)取相关系数 $K_{贴管}=0.5$	2	女	中专以上	贴管机的操作、保养
装箱	公式(1)劳动生产率为 0.001 人/箱	8	女	普通工人	手工装箱
缩膜	公式(2)相关系数 $K_{缩膜}=1$	1	女	中专以上	缩膜机的操作、保养
入栈	公式(1)劳动生产率为 0.0003 人/箱	3	男	普通工人	手工搬运产品至栈板并摆放好
检验	公式(1)劳动生产率 0.0002 人/箱	2	女	大学以上	检验产品是否合格
入库	公式(2)每台叉车需 1 人	1	女	中专以上	运输产品入库

由表 7-3 可知，$P_1 = P_{装箱} + P_{入栈} = 8 + 3 = 11$（人/班）；$P_2 = K_{包装}M_{包装} + K_{贴管}M_{贴管} + K_{缩膜}M_{缩膜} = 4 \times 1 + 4 \times 0.5 + 1 \times 1 = 7$（人/班）；另外，因车间管理和随时调配的需要，需增加 3 名机动人员，均为男性，大学以上学历，能够参与车间管理和填补每种岗位的空缺。故 $P_3 = P_{检验} + P_{入库} + P_{机动} = 2 + 1 + 3 = 6$（人/班）。

考虑到车间生产在员工上厕所及吃饭时不停机，修正系数 S 取 1。在生产旺季时每天实行 3 班生产，因此车间的劳动力总数 $P = 3S(P_1 + P_2 + P_3) = 3 \times 1 \times (11 + 7 + 6) = 72$（人/天）。其中男员工 30 人，女员工 42 人；临时工 33 人，正式工 39 人；大学以上学历的员工为 27 人。

上述计算结果也与工厂实际的劳动力定员情况一致，符合实际情况。

【注意事项】

① 劳动生产率高低主要决定于原料新鲜度、成熟度、工人熟练程度及设备的机械化、自动化程度，制定产品方案时就应注意到这一点。所以，在设计中确定每一个产品的劳动生产率指标时，一般参照相仿生产条件的老厂。

② 劳动定员应合理，不能过多或过少。在食品工厂设计中，定员定的过少，会造成生活设施不够使用，工人整天处于超负荷生产中，从而影响正常生产；定员定的过多，会

造成基建投资费用的增大和投产后的人浮于事。

③ 对于季节性强的产品，在高峰期允许使用临时工，为保证高峰期的正常生产，生产骨干应为基本工。在平时正常生产时，基本工应该是平衡的，全年劳动定员也应基本平衡，在生产旺季时可使用少量临时工，但应是技术性不强的。

④ 食品工厂生产车间男工和女工的比例一般约为3∶7。

⑤ 随着食品工业的发展，目前食品厂的机械化、自动化程度越来越高，则生产力的计算就按新的劳动生产率及劳动生产定额指标进行计算。

⑥ 另外，在编排产品方案时，尽可能地用班产量来调节劳动力，使每班所需工人数基本相同。

⑦ 食品工厂工艺设计中除按产品的劳动生产率计算外，还得按各工段、各工种的劳动生产定额计算工人数，以便于车间及更衣室的布置。

三、实训操作标准及参考评分

劳动力定员与计算实训操作标准及参考评分见表7-4。

表7-4 劳动力定员与计算实训操作标准及参考评分

序号	实训项目	工作内容	技 能 要 求	满分
1	劳动力情况调查	分别对自动化程度不同的食品厂和工序进行劳动力定员情况的调查	要求调查要细致，不仅涉及到劳动力的人数，还包括男女比例，劳动力的人员素质，及各工序劳动力的情况，并能整理成调查报告	20
2	旧的劳动力计算公式的应用	自动化程度低的工序劳动力的确定	在确定班产量和劳动生产率的基础上，进行此工序劳动力的确定，只需计算出总人数即可，无需对性别、工种、文化程度等进行统计，但要求计算准确	15
3	新的劳动力计算公式的应用	前期设计资料的准备	此项实训包括： ①确定工艺流程 ②确定设备的生产能力及操作要求 ③确定工序生产方式 资料准备充分、详实、准确	15
		手工作业为主的工序，每班所需人数的计算（P_1）	根据前期设计资料的准备，认真计算。正确选择劳动生产率，进行此工序劳动力的确定，只需计算出总人数即可，无需对性别、工种、文化程度等进行统计，但要求计算准确	10
		机器生产为主的工序，每班所需人数的计算（P_2）	根据公式进行计算，正确选择相关系数，同时根据岗位的性质来正确选择男女比例	15
		辅助生产人员数的确定（P_3）	辅助生产人员应包括检验、入库人员，同时也应考虑到机动人员	10
		整个生产车间及劳动力的计算（P）	对总数进行计算，要求计算准确，同时对性别、工种、文化程度等都应一一说明	15

四、考核要点及评分

【实训评分】

劳动力定员与计算考核要点及评分见表7-5。

表7-5 劳动力定员与计算考核要点及评分

序号	考核项目	满分	考核要点及标准要求	总评分
1	前期设计资料的准备	20	对于要收集的资料应做好提纲,查阅相关工艺知识,准备充分	
2	实训态度	20	整个实训能听从指导,严格遵守各项要求,积极思考	
3	各工序劳动力的计算	30	按照计算要求与步骤,认真计算,并能对计算结果进行反复核对	
4	实训报告的整理	30	实训报告格式规范,内容详实,尤其对相关劳动力问题能深入分析	

【考核方式】

在食品工厂和模拟实训基地进行实训。学生在工厂的表现占20%,平时出勤及表现占30%,实习报告占50%。

思考与练习题

1. 劳动力计算的新方法的依据与方法。

2. 在食品工厂设计中,劳动力过多或过少会给生产带来哪些影响?

3. 一般食品厂的男女比例大约是多少?

4. 劳动定额怎样确定?

实训项目八　食品厂生产车间工艺布置综合实训

一、基础知识

【概念】

生产车间的工艺布置又称为车间设备布置。就是对厂房内设备排列的安排和配置做出合理的安排，并决定车间的长度、宽度、高度和建筑结构的形式，以及生产车间与工段之间的相互关系，并以车间设备布置图纸的形式表达出来。

【要求】

一个优良的设备布置设计应做到经济合理、节约投资、操作维修方便安全、设备排列简洁、紧凑、整齐、美观。要做到上述要求必须充分和正确地利用有关的国家标准和设计规范，特别是设计单位已积累的经验和经过实践考验的有价值的参考资料。正确充分地利用这些资料可以提高设计的技术水平和可靠性，也能大大节约设计工时。

设备布置应满足以下各项基本要求。

① 满足生产工艺要求。

② 满足安装和检修要求。

③ 满足建筑要求。

④ 满足安全、卫生和环保。

【原则】

① 要有总体设计的全局观点。

② 设备布置要尽量按工艺流水线安排，但有些特殊设备可按相同类型适当集中。

③ 在进行生产车间设备布置时，应考虑到进行多品种生产的可能，以便灵活调动设备，并留有适当余地便于更换设备。

④ 生产车间与其他车间的各工序要相互配合，保证各物料运输通畅，避免重复往返。

⑤ 必须考虑生产卫生和劳动保护。

⑥ 应注意车间的采光、通风、采暖、降温等设施。

⑦ 对散发热量、气味及有腐蚀性的介质，要单独集中布置。

⑧ 可以设在室外的设备，尽可能设在室外并加盖简易棚保护。

二、实训内容与步骤

【实训目的】

① 掌握食品厂生产车间工艺布置的任务，把握工艺布置的原则。

② 系统掌握食品厂设备布置的步骤。

③ 通过实训，可以让学生在布置车间设备时，对食品厂车间布置方法和要求进一步的掌握。从中锻炼学生分析问题、解决问题的能力。

【实训要求】

① 将所学专业理论知识同岗位实际生产实践相结合。

② 在工厂能遵守工厂的各项规章制度，听从指导，按要求完成各项实训训练。

③ 在实训中，同组学生要相互配合，要养成相互团结、相互协作的良好习惯，注意培养学生的组织与协调能力。

【实训步骤】

1. 资料准备

车间布置设计必须在充分调查的基础上，掌握必要的资料作为设计的依据，这些资料包括以下各项。

① 生产工艺图。

② 物料衡算数据及物料性质。

③ 设备资料。

④ 公用系统耗用量。

⑤ 土建资料和劳动安全、防火、防爆资料等。

⑥ 车间组织及定员资料。

⑦ 厂区总平面布置。

⑧ 国家、行业有关方面的规范资料。

2. 生产车间区域划分

整理好设备清单（表 8-1）、生活室等各部分的面积要求，根据工艺流程对生产区域、辅助区域、生活行政区域的面积做出初步的划分。

表 8-1　食品厂××车间设备清单

序　号	设 备 名 称	规格型号	安装尺寸	生产能力	台数	备注
1						
2						
3						

3. 绘制生产车间外形轮廓

食品工厂生产车间的建筑外形选择，应根据生产品种、厂址、地形等具体条件决定。一般所选的外形有长方形、L 形、T 形、U 形等，其中以长方形最为常见。

根据工艺的要求以及该车间在全厂总平面中的位置，与土建专业共同拟定车间的结构形式、朝向、跨度；用坐标纸按厂房建筑设计的要求绘制车间大致轮廓草图（比例可用1：100，必要时也可用1：200或1：50），画好生产车间的长度、宽度和柱子以及大体上的区域位置。

长方形的车间长度一般在60m左右或更长一些，并希望生产车间的柱子越少越好；车间宽度为9m、12m、15m、18m、24m等；高度为7～8m，也有的车间达13m以上。

4. 确定生产流水线方向

按照总平面图，确定生产流水线方向。

5. 进行设备布置

将设备尺寸按比例大小，用硬纸板剪成小方块（或设备外形轮廓俯视图），在草图上布置，排出多种方案分析比较，以求最佳方案。也可采用AutoCAD制图，会更加方便。

在进行设备布置时应从以下几方面进行综合考虑。

（1）设备排列顺序

设备应尽可能按照工艺流程的顺序进行布置，要保证水平方向和垂直方向的连续性，避免物料的交叉往返。为减少输送设备和操作费用，应充分利用厂房的垂直空间来布置设备，设备间的垂直位差应保证物料能顺利进出。操作中有联系的设备或工艺要求靠近的设备，尽管在流程上不一定符合顺序，但也应布置集中，并保持必要的间距，以便操作。相同或同类型设备尽量集中管理，同时可以互为备用，也有利于安全生产和维修。

（2）设备排列方法

设备在车间内的排列方法可根据厂房的宽度和设备尺寸来确定。对于宽度不超过9m的车间，可将设备布置在厂房的一边，另一边作为操作位置和通道。对于中等宽度（12～15m）的车间，厂房内可布置两排设备。两排设备可集中布置在厂房中间，而在两边留出操作位置和通道，也可将两排设备分别布置在厂房两边，而在中间留出操作位置和通道。对于宽度超过18m的车间，可在厂房中间留出3m左右的通道，两边分别布置两排设备，每排设备各留出1.5～2m的操作位置。

对设备清单（表8-1）进行全面分析，清单中分出固定的、移动的、公共的、专用的以及质量等说明。其中笨重、固定、专用的设备应尽量排在车间四周，轻的、可移动、简单的设备可排在车间中央，方便更换设备。

（3）操作间距

要留出操作、运输、安装、检修的位置；设备与墙之间、设备与设备之间应有一定的距离，并留出运送设备的通道和人行道，以便于生产管理和操作。设计时应遵循它们的标准规范。

在布置设备时，不仅要考虑设备自身所占的位置，而且要考虑相应的操作位置和运输通道，有时还要考虑堆放一定的原料、半成品、成品和包装材料所需的面积和空间。

（4）安全间距

安全间距应符合安全技术的有关规范。生产中布置设备时应把安全放在第一位，每个设计项目都应符合有关的安全标准。除上述设备之间的安全距离外，还应考虑以下具体安全措施。

① 加热炉或明火设备以及产生有毒气体的设备，应布置在下风处。

② 对易燃、易爆设备最好露天布置，如设在室内应有效加强自然对流通风，必要时采用机械送风和排风，防止易燃易爆物质聚集，使易燃易爆物含量降至规范极限之内或爆炸极限以下。

③ 加热炉或明火设备与易燃、易爆设备，应保持一定距离。易燃、易爆车间要采取防爆和防火的措施，同时要防止引起静电现象。

④ 对于盛有易燃、易爆或有毒的储槽，则应尽量集中布置，并采取必要的防护措施。有些物料储罐应视其特点决定它是靠近与之有关的厂房还是远离厂房。

⑤ 有毒、有粉尘和有气体腐蚀的设备，也应集中布置，并加强通风设施和防腐等环保措施。

⑥ 对盛有酸、碱等腐蚀性介质的设备，特别是储槽应尽量布置在建筑物的底层，且应设有必要的事故槽。不宜布置在楼上，而且除本身的基础要加防护外，对设备附近的墙、柱等建筑物也必须采取防护措施，必要时可加大设备与墙、柱间的距离。

（5）符合建筑的要求

除了前述厂房的柱网及跨度和高度要求符合建筑模数外，还有以下一些具体要求。

① 笨重设备或生产中能产生很大振动的设备，应尽可能布置在厂房的底层，以减少厂房的荷载和振动。

② 有剧烈振动的机械，应有独立的基础，应避免和建筑物的柱、墙连在一起，以免影响建筑物的安全。

③ 有横跨穿墙的设备或立式穿过楼板的设备，要考虑到建筑物的柱子、主梁及次梁的位置。设备穿孔必须避开主梁和柱子。如果借助于横梁支承设备，必须与建筑人员配合。

④ 厂房内操作台必须统一考虑，做到整齐方便，避免平台支柱零乱重复，也可以节约厂房构筑物所占的面积。

⑤ 设备布置的同时要考虑到管廊或管架的敷设问题，独立管廊或管架的基础，不应与设备布置发生冲突。利用梁支承或吊装或借助柱子敷设管道支架，也应以不影响建筑结构为原则。设备基础与地下管线（包括上、下水管，电缆等）不能重叠，地下管不能埋在设备基础之上，而是铺在基础之间。

（6）对门、窗的要求

每个车间必须有两道以上的门。作为人流、货流和设备的出入口，门的规格应比设备高 0.6～1.0m，比设备宽 0.2～0.5m。为满足货物或交通工具进出，门的规格应比装货物后的车辆高出 0.4m 以上，宽出 0.3m 以上。

生产车间的门应按生产工艺的要求进行设计，一般要求设置防蝇、防虫装置，车间的门常用的有空洞门、单扇门、双扇门、单扇推拉门或双扇推拉门、单扇双面弹簧门、双扇双面弹簧门、单扇内外开双层门、双扇内外开双层门等。我国最常用的、效果较好的是双层门（一层纱门和一层开关门，门的代号用"M"表示）。在车间内部各工段间要求差距不太大，为便于各工段间往来运输及人员流动一般均采用空洞门。

对排出大量水蒸气或油蒸汽的车间，应特别注意排汽问题。一般对产生水蒸气或油汽的设备需进行机械通风，可在设备附近的墙上或设备上部的屋顶开孔，用轴流风机在屋顶或墙上直接进行排汽。食品工厂生产车间，对于局部排出大量蒸汽的设备，在平面布置时，应尽量靠墙并设置在当地夏季主导风向的下风向位置，同时将顶棚做成倾斜式，顶板可用铝合金板，这样可使大量蒸汽排至室外。

窗是车间主要透光的部分，窗有侧窗和天窗之分。车间内来自窗的采光主要靠侧窗，它开在四周墙上，工人坐着工作时窗台高 H 可取 $0.8\sim0.9m$；站着工作时，窗台高度取 $1\sim1.2m$。窗的种类很多，常用的是双层内、外开窗（纱窗和普通玻璃窗）。窗的代号用"C"表示。若房屋跨度过大或层高过低，侧窗采光面积小，采光系数达不到要求，还需在屋子顶上开天窗增加采光面积，也可多设日光灯照明，灯高离地 $2.8m$，每隔 $2m$ 安装一组。我国目前各食品工厂生产车间基本上是天然采光，车间的采光系数一般要求为 $1/6\sim1/4$。采光系数是指采光面积和房间地坪面积的比值。采光面积不等于窗洞面积。采光面积占窗洞面积的百分比与窗的材料、形式和大小有关，一般木窗的玻璃有效面积占窗洞的 $46\%\sim64\%$，钢窗的玻璃有效面积占窗洞的 $74\%\sim79\%$。

6. 比较不同方案

讨论、修改、画草图，对不同方案可以从以下几个方面进行比较。

① 建筑结构造价。

② 管道安装（包括工艺、水、冷、汽等）。

③ 车间运输。

④ 生产卫生条件、操作条件。

⑤ 通风采光。

7. 确定方案

对确认的方案征求配套专家的意见，在此基础上完善后，再提交给委托方和相关专家征求意见，集思广益，根据论证征求的意见做出必要的修改、调整，最终确定一个完整的方案。

8. 画出正式图

设备布置图是用来表示一个车间的全部设备及管口方位在厂房建筑内或室外安装布置的详图。它主要分平面布置图和立面（或剖视）布置图。本次实训主要是某一层生产车间平面布置图的绘制。具体绘制步骤如下。

（1）准备工作

选定绘制比例和图幅。采用 1∶100 比例。图纸幅面采用 A1 号图纸。参考规定图线，按机械制图中的规定针对图纸表示的内容采用不同的图线。

（2）绘制平面图（从底层开始逐张绘制）

① 画出与设备安装布置有关的厂房建筑基本结构（用中实线），包括墙、柱、地面、楼板、平台、栏杆、楼梯、安装孔洞、地沟、地坑、吊车梁及设备基础等。建筑物、设备基础、平台支架等必须采用规定图例。

对于承重墙、柱子等结构，按建筑图要求用细点画线画出建筑定位轴线（建筑定位轴线就是通过建筑物的承重柱或墙体中心线所画出来的）。

与设备安装定位关系不大的门窗等物件，一般只在平面图中用细实线上画出它们的位置、门的开启方向等。

② 画出设备中心线（用细点画线）作为设备的定位线。它既是下一步绘制设备轮廓图的基准，也将与建筑定位轴线一起成为设备布置定位的定位基准及定位尺寸的线界。

③ 画出设备、支架、基础、操作平台等的轮廓形状（用粗实线）。

设备不可见轮廓采用粗虚线画出，其中设备只需画出外形轮廓及主要管口（如人孔、出料口等）以表示安装方位。位于室外而又与厂房不连接的设备及其支架等一般只在底层平面上给以表示，某些通用机械设备，如泵、压缩机、风机、过滤机等若有多台，可只画出一台，其余只用粗实线简化画出其基础的矩形轮廓，也可在矩形中相应部位上用交叉粗实线示意地表示电机的安装位置。可以省略外形视图，只画出包括电动机在内的基础底座位置和进出口方位。

④ 标注厂房建筑及构件尺寸（用细实线）。包括厂房的长度、宽度总尺寸；柱、墙定位轴线的间距尺寸；地面、楼板、平台、屋面的主要高度尺寸及安装孔、洞及沟、坑等的定位尺寸。所标注的平面尺寸均以建筑定位轴线为基准。

尺寸线的界限一般是以建筑定位轴线和设备中心线的延长线为起止。尺寸线起止点，一般用箭头表示，也可以采用45°细斜短线表示。平面尺寸的单位，一律用毫米（mm，不加说明）。

⑤ 标注设备尺寸和设备名称与位号。

在平面图中应标注出设备与建筑物及构件、设备与设备间的定位尺寸。一般是以建筑定位轴线为基准，注出与设备中心线或设备支座中心线的距离。当某一设备定位后，可按此设备中心线为基准来标注邻近设备的定位尺寸。如有多台同样大小的设备，只需标注一台。

图中所有设备均需标出名称与代号，名称与代号应与工艺流程图一致，一般标注在相应设备的上方或下方，或用45°斜线引出，画一粗短实线，位号在上，名称在下。

（3）绘制安装方位标

在图纸右上角画出本图的方位标。安装方位标是用来表示车间建筑取向与地理北向角度关系的一个图形符号。需要这个图形符号是因为在实际的工厂布局中，建筑物的取势并不一定总是坐北朝南或正东正西，特别在厂区地势变化较大的时候，车间取向只能顺应地势；但是绘制车间设备布置图时，图面上车间的图形轮廓不可能如实际一样也斜一个角度，这样做不仅不必要，也给绘图带来极大的不便。事实上人们在画设备布置图时都是把车间建筑看成坐北朝南，至于建筑物实际偏离地理北向角度的大小则由安装方位标来显示。

安装方位标表示本图的地理方位，也是表示设备安装方位基准的符号。一般采用上北下南（即坐南向北），尽可能和总图方向保持一致。安装方位标的基本构成是在一细实线画的十字坐标上，再画出两个直径分别为8mm和14mm粗实线同心圆；然后由十字上方开始，沿顺时针方向依次写上 0°，90°，180°，270°等字样，而 0°就代表建筑物的建筑北向；最后再根据建筑物偏离地理北向的角度值，画出带箭头的直径以表示地理北向并写上字母"N"。

（4）绘制、填写标题栏并绘制有关表格及注写说明

在图纸的右下侧有标题栏，标题栏上方列出设备安装一览表，该表自下而上逐步填写

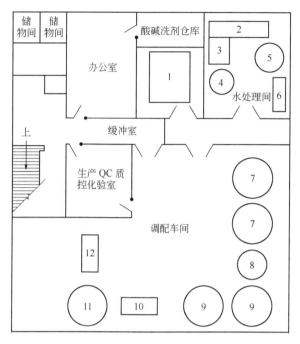

图 8-1　果汁厂生产车间（二层）平面布置简图

1—CIP 机；2—紫外线消毒系统；3—水预处理系统；4—储水罐；5—纯水储罐；6—反渗透系统；

7—酶解罐；8—糖液罐；9—调配罐；10—超高温灭菌均质系统；11—保温罐；12—控制箱

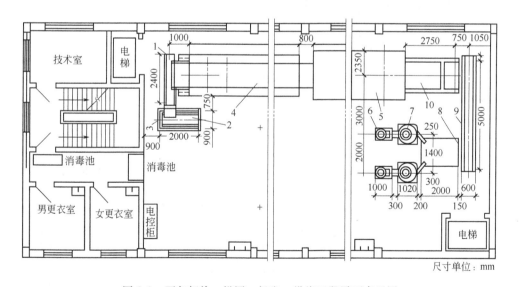

尺寸单位：mm

图 8-2　面包切块、搓圆、饧发、烘烤工段平面布置图

1—面包出炉输送带；2—面包冷却传送带（转至下一层车间面包冷却工程）；3—下滑板；4—烤炉；

5—连续饧发器；6—切块机（与中间储面斗对中）；7—搓圆机；8—操作台；9，10—输送带

本张图上的所有设备，其内容自左向右为序号、设备位号、设备名称、设备图号（或规格）、材料、单价、数量、重量（包括单重和总重）、备注。

【设计实例】

以实训四的饮料车间和焙烤车间的生产为例。

1. 果汁厂生产车间平面布置（图 8-1）

2. 面包生产车间平面布置实例

面包切块、搓圆、饧发、烘烤工段平面布置及剖面如图 8-2、图 8-3 所示。

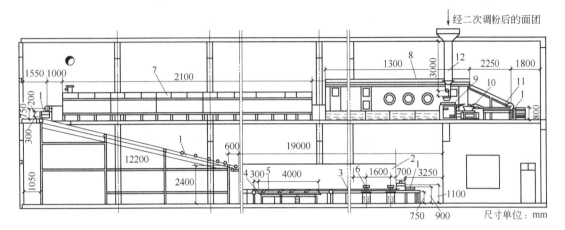

图 8-3　面包切块、搓圆、饧发、烘烤、冷却、包装工段剖面图

1,3—输送带；2—冷却设备；4—挡料板；5—包装台；6—包装机；7—隧道式烤炉；8—连续

饧发器；9—切块机；10—搓圆机；11—操作台；12—储面斗（底部装控制阀）

三、实训操作标准及参考评分

生产车间工艺布置实训操作标准及参考评分见表 8-2。

表 8-2　生产车间工艺布置实训操作标准及参考评分

序号	实训项目	设计内容	技　能　要　求	满分
1	资料准备	搜集设计资料	在充分调查的基础上，掌握必要的资料，要求资料齐全（内容参见实训步骤），并且真实可靠，可作为生产车间布置设计的参考与指导	5
2	划分区域	确定各区域面积	区域划分合理，能对生产、辅助生产及生活行政区域合理布置，整体布置紧凑，同时也能满足各项生产及安装、维修的需要。各区域面积大小适合，不过大，避免基建投资浪费，也不过小，给生产带来不便	10
3	绘制设备布置图	绘制生产车间外形轮廓	此次实训，采用长方形的生产车间，按 1∶100 的比例绘出车间轮廓并标注长宽尺寸，用中实线绘制	10
		确定设备间距	设备相互之间的间距以及设备与建筑墙体间的距离既要能满足工人操作、维修、清洁及安全方面的要求，又要尽量使设备布置合理紧凑，最大限度地充分利用建筑空间和建筑面积。要求在图中绘出设备的中心线，以将设备更好的定位	10
		绘出设备外形轮廓	在相应设备中心线的位置，绘制相应的设备，只需绘出外形轮廓，甚至可用俯视图来表示。但要注意各设备之间的连接，工艺过程的流向等问题，要用箭头等标明	30
		标注设备尺寸和设备名称、位号	在设备图中标注各设备的尺寸，尤其是定位尺寸，要求准确、简单明了，能较好地表明各设备之间的距离及各设备的大小尺寸。图中所有设备均需标出名称与代号，名称与代号应与工艺流程图一致，一般标注在相应设备的上方或下方，或用 45°斜线引出，画一粗短实线，位号在上，名称在下	10
		标注方向标	一般采用上北下南（即坐南向北），尽可能和总图方向保持一致	10
		绘制填写标题栏	标题栏由下至上进行绘制，标题栏规格及内容参见实训二，并一定要绘制设备一览表。设备一览表一定和图上标注一致	15

四、考核要点及评分

【实训评分】

生产车间工艺布置实训考核要点及评分见表 8-3。

表 8-3 生产车间工艺布置实训考核要点及评分

序号	考核项目	满分	考核要点及标准要求	评分
1	实训态度	20	整个实训过程中能遵守实训要求,没有无故缺席的情况,实训态度认真,对每一个实训内容都能积极思考,反复推敲,认真完成	
2	制图规范	30	绘制的车间布置图,图幅、制图比例能严格按实训规定进行选择,图中的各线条种类也能按制图规范中进行,整个图面整洁,各项内容具体	
3	设计合理	30	通过考核学生绘制的车间布置图,可考核该项实训的设计是否合理。各设备相对位置,应能保证工艺的流向,各设备之间的距离能方便生产维修等操作为最佳	
4	读图及设计评价	20	能看懂某车间的设备布置图,了解设计思路,清楚该设计的工艺流程,并能对该项设计做出综合评价,对设计合理的部分进行阐述,对不合理的设计提出问题,并对其进行问题分析,找到合理的设计方法	

【考核方式】

在制图室进行,通过对学生的制图质量和整个实训的态度进行综合考核。在完成基础理论的考核之后进行,该项实训的时间为两周。

思考与练习题

1. 车间平面布置对于门窗有何设计要求?

2. 车间平面布置对于建筑结构的要求。

3. 何为车间设备布置剖视图?

实训项目九 食品厂管道（布置）设计综合实训

一、基础知识

【概念】

食品厂车间管道设计与布置的内容主要包括管道的设计计算和管道的布置设计两部分内容。

【设计任务】

对管道进行计算，可以确定管径，选择管道材料，确定管壁的厚度等参数；而管道布置设计的任务是用管道把车间布置固定下来的设备连接起来，使之形成一条完整连贯的生产工艺流程。

二、实训内容与步骤

【实训目的】

本次实训对管道的设计计算不做要求，掌握管道布置设计的基本原则、技术及管道布置图的绘制步骤和方法，要求进行基本的管道布置设计，能看懂管道布置图，并能绘制管道布置图。

【实训要求】

① 设计前能对食品工厂的相关要求充分掌握，从而为设计提供依据。

② 实训态度要认真，实训报告应认真总结。

③ 绘制管道布置图的深度达初步设计深度即可。

【实践内容】

1. 管道布置图的阅读

（1）读图前的准备

阅读管道布置图的目的是通过图样了解该工程设计的设计意图和弄清管道、管件、阀门仪表控制点及管架等在车间中的具体布置情况。

在阅读管道布置图之前，应从带控制点的工艺流程图中，初步了解生产工艺过程和流程中的设备、管道的配置情况和规格型号，从设备布置图中了解厂房建筑的大致构造和各个设备的具体位置及管口方位。

（2）概括了解

首先要了解视图关系，了解平面图的分区情况，平面图、立面剖视图的数量及配置情况，在此基础上进一步弄清各立面剖视图在平面图上的剖切位置及各个视图之间的关系。注意管道布置图样的类型、数量，有关管段图、管件图及管架图。

（3）详细分析并看懂管道的来龙去脉

2. 管道布置图的基本画法

（1）建（构）筑物和设备

在管道布置图中，用细实线画出建（构）筑物的外形和设备的简单外形即可。

（2）管道

① 管道连接。在管道布置图中可以不表示管道的连接方式，如图 9-1（b）所示，如需要表示，可采用图 9-1（a）的表示方法。

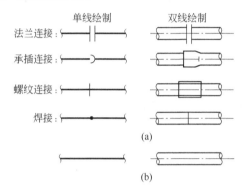

图 9-1 管道连接的表示方法

② 管道转折。管道转折的表示方法可以如图 9-2 所示。

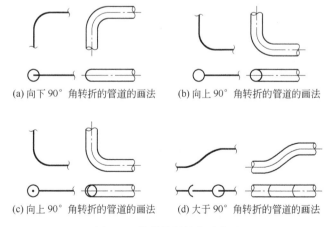

(a) 向下 90° 角转折的管道的画法　　(b) 向上 90° 角转折的管道的画法

(c) 向上 90° 角转折的管道的画法　　(d) 大于 90° 角转折的管道的画法

图 9-2 管道转折的表示方法

③ 管道交叉。当管道交叉，投影相重时，可将下面被遮盖部分的投影断开，如图 9-3（a）所示，也可将上面管道的投影断裂表示，如图 9-3（b）所示。

④ 管道重叠。管道投影重叠时，将上面（或前面）管道的投影断裂表示，下面（或后面）管道的投影则画至重影处稍留间隙断开，如图 9-4（a）所示。当多根管道的投影重

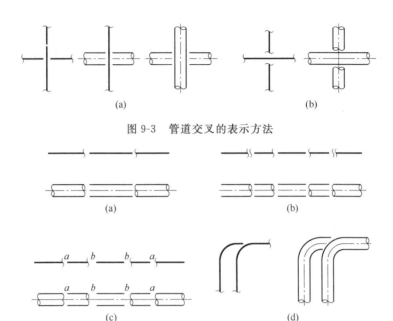

(a)   (b)

图 9-3   管道交叉的表示方法

(a)   (b)

(c)   (d)

图 9-4   管道重叠的表示方法

叠时，可如图 9-4(b) 表示，图中单线绘制的最上一条管道画以"双重断裂"符号，有时可在管道投影断开处注上 a、b 和 b、a 等小写字母，或者分别注出管道代号以便辨认。有些图样不一定画出"双重断裂"等符号，如图 9-4(c) 所示。管道转折后投影发生重叠时，画法如图 9-4(d) 所示。

⑤ 管道分叉   由三通等引出叉管的画法如图 9-5 所示。

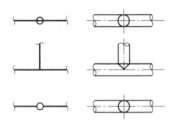

图 9-5   管道分叉的表示方法

（3）管件、阀门

管件与阀门一般按规定符号用细线画出，规定符号可参阅表 9-1。

3. 管道布置图的绘制

（1）确定比例、图幅及分区原则

① 比例。管道布置图的常用比例为 1∶50 和 1∶100，复杂的管道也可采用 1∶20 或 1∶25 的比例。

② 图幅，一般用 A1 号或 A2 号图纸，有时也用 A0 号图纸。

③ 分区原则。由于车间范围比较大，为了清楚表达各工段管道布置情况，需要分区绘制管道布置图时，常常以各工段或工序为单位划分区段。

（2）绘制管道布置图

表 9-1 管件、阀门符号

管件名称	符 号	管件名称	符 号	管件名称	符 号
90°弯头		弧形伸缩器		开放式重锤安全阀	
45°弯头		方形伸缩器		水分离器	
正三通		放水龙头		疏水器	
异径接头		自动截门		油分离器	
内外螺纹接头		减压阀		滤尘器	
连接螺母		压力调节阀		喷射器	
活接头		密闭式弹簧安全阀		实验室用龙头	
丝堵		开放式弹簧安全阀		阀闸	
管帽		密闭式重锤安全阀		截止阀	
直角截门		直角止回截门		压力表	
旋塞		注水器		自动记录压力表	
三通旋塞		冷却器		流量表	
升降式止回阀		离心水泵		自动记录流量表	
旋启式止回阀		温度控制器		文氏管流量表	
直角止回阀		温度计			

① 管道平面布置图的画法。用细实线画出厂房平面和设备外形，标注柱网轴线编号和柱距尺寸，标出设备所有管口，加注设备位号和名称；用粗单实线画出所有工艺物料管道和辅助管道，用规定符号画出管件、管架、阀门和仪表控制点，在管道上方或左方按规定标注管道，并在适当位置注明流向、管道坡度，标明接口点，说明注意事项。

② 管道立面剖视图的画法。画出地平线或室内地坪、各楼面和设备基础及设备外形，标出设备所有管口，加注设备位号和名称；用粗单实线画出所有工艺物料管道和辅助管道，用规定符号画出管件、管架、阀门和仪表控制点，在管道上方或左方按规定标注管道，并在适当位置注明流向、管道坡度，标明接口点，说明注意事项。

【操作实例】

图 9-6 是某食品厂工艺用冷却水系统冷却塔管道布置的一个实例。

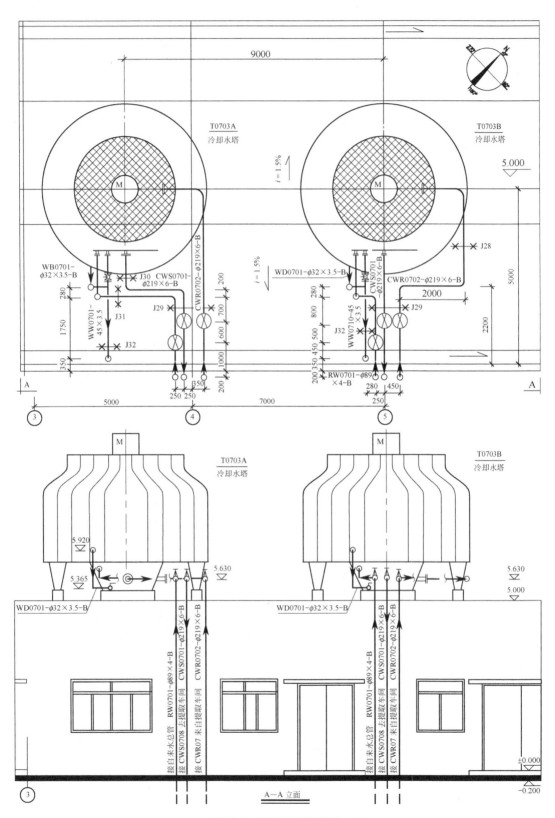

图 9-6　管道布置图示例

三、实训操作标准及参考评分

管道布置设计实训操作标准及参考评分见表9-2。

表9-2 管道布置设计实训操作标准及参考评分

序号	实训项目	实训内容	技 能 要 求	满分
1	准备工作	资料的准备	工艺流程图、设备布置图、设备装配图及土建、自控等专业的有关图样、资料都应事先收集	10
2	读图	能看懂管道布置图	对图中每根管道管径、立面标高、平面定位尺寸、介质代号及流向等标注都能准确掌握	20
3	绘图	基本画法	对于管道连接、转折、交叉、重叠、分叉等情况应熟悉其画法，对于特殊功能的管件要用标准的符号形式进行绘制	20
		绘制管道的布置位置	各管道在图中的位置应与生产工艺或设备的布置相一致，使之成为一条完整连贯的生产工艺流程	20
		对管道布置图进行标注	图上所有管道都应标注管段序号、物料代号、管材、管径、标高及保温。设备位号的标注应与之前设备布置设计图中相一致	20
4	校核与审定	校核管道布置图	整个管道设计应不影响工厂车间的整体美观，而且要有利于工艺操作、产品质量，同时便于安装、检修和操作管理	10

四、考核要点及评分

【实训评分】

管道布置设计实训考核要点及评分见表9-3。

表9-3 管道布置设计实训考核要点及评分

序号	考核项目	满分	考核要点及标准要求	评分
1	设计前准备	20	对于管道布置图所用的资料应充分准备，力求资料可靠，方便设计	
2	实训态度	20	在校内或校外的实训基地都能遵守实训要求，认真学习，虚心请教，积极思考，对设计中存在的问题能反复推敲	
3	读图	20	对给定某一管道的布置图，能从图中获得相关生产信息，并对整个设计做出评价，并能以文字的形式加以总结	
4	绘图	30	符合制图的有关规定，标注准确，整个设计合理紧凑，符合生产的各项要求	

【考核方式】

在食品工厂实训基地现场考核，考核学生对于某一工段或工序的管道布置图上各信息的掌握；同时对某生产任务下管道布置图的绘图进行考核。

思考与练习题

1. 管道布置图的表示方法有几种？

2. 简述管道布置图的绘制步骤。

3. 管道系统对于食品工厂生产过程的作用是什么？

实训项目十 食品厂物流局部
设计综合实训

一、基础知识

【物流定义】

物流是指物品从供应地向接收地的实体流动过程。根据实际需要，将运输、储运、装卸、搬运、包装、流通加工、配送、信息处理等基本功能实施有机结合。

【物流分类】

物流系统可以划分为四个部分：供应物流、生产物流、销售物流、回收和废弃物物流。

【食品工厂物流系统】

食品工厂生产的全过程都包含了上述所有的物流活动。例如，从原材料的采购开始，便要求有相应的供应物流活动，即将所采购的材料按时到位，否则生产就难以进行；在生产的各工段之间，也需要原材料、半成品的物流过程，即所谓的生产物流，以实现生产的流动性；部分余料、可重复利用的物资的回收，就需要回收物流；废弃物的处理则需要废弃物物流。可见，整个生产过程实际上就是系列化的物流活动。

二、实训内容与步骤

【实训目的】

通过此次实训，能了解食品工厂整个生产过程中的物流活动，熟悉食品厂内的物流活动，尤其在熟知仓储、搬运和运输等设计要求的基础上，对食品厂物流系统进行简单设计。

【实训要求】

① 此项实训要求学生能熟知各项设计的原则，作为设计的依据。

② 实训过程中，态度积极，对于计算任务均能认真完成。

③ 实训能认真总结，对过程中出现的问题能加以分析，及时解决。

【实训内容】

1. 食品工厂生产过程物流图的了解

食品工厂生产过程中的物流活动如图 10-1 所示，学生从图中要掌握整个物流主要以

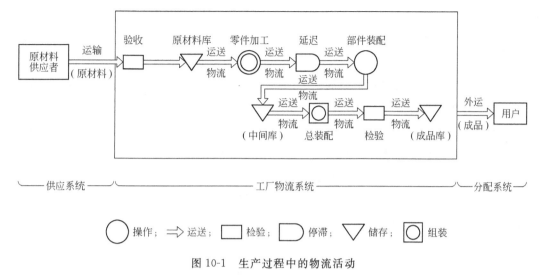

图 10-1 生产过程中的物流活动

生产物流为主，供应物流为辅，要清楚各个部分的相互关系。

2. 食品工厂仓储的设计

（1）了解仓储的分类

食品厂可根据本厂的特点，根据不同的保管对象对仓库进行分类，如原辅材料仓库、成品仓库、包装材料库、五金仓库、废品仓库等。

（2）了解仓库的特点

食品工厂仓库的特点如下。

① 负荷的不均衡性。特别是以果蔬产品为主的食品厂，由于产品的季节性强，大忙季节各种物料高度集中，仓库出现超负荷；而淡季时，其仓库又显得空余，其负荷曲线呈剧烈起伏状态。

② 储藏条件要求高。仓库要求确保食品卫生，要求防蝇、防鼠、防尘、防潮，部分储存库要求低温、恒温，有调湿及调气装置。

③ 决定库存期长短的因素较复杂。对于食品厂而言，成品库存期长短常常不决定于生产部门的愿望，而决定于市场上的销售渠道是否通畅。食品加工的目的之一就是调整市场的季节差，所以产品在原料旺季加工，淡季销售甚至全年销售是一种正常的调节行为，这也是造成需要较大成品库的一个重要原因。

（3）仓库容量和面积的确定

仓库的大小和物料的堆放形式、包装规格和货物的性质等因素有关，通常确定以上几项参数后，通过工艺设计的物料衡算，根据单位产品消耗量，可以计算仓库的面积。

各类仓库的容量，可用式（1）确定。

$$V = GT \tag{1}$$

式中 V——仓库容积，t；

G——单位时间（日或月）的货物量，t/d 或 t/m；

T——存放时间（日或月），d 或 m。

单位时间的货物量 G 可通过物料平衡的计算求取，包括同一时期内存放同一库中各种物料的总量，而食品工厂的生产是不均衡的，所以，G 的计算一般以旺季为基准。

存放时间 T 则需要根据具体情况合理地选择确定。对于原料库来说，不同的原料要求有不同的存放时间（最长存放时间）。究竟能放多长时间，还应根据原料本身的储藏特性和维持储藏条件所需要的费用进行经济分析，不能一概而论。如糕点厂、糖果厂存放面粉和糖的原料库，存放时间可适当长一些；对成品库的存放时间，不仅要考虑成品在市场上的销售情况，按销售最不利，也就是成品积压最多时来计算。

仓库的建筑面积可按式(2) 计算。

$$S = V/(dK) = V/d_p \qquad (2)$$

式中　S——仓库面积，m^2；

　　　d——单位面积堆放量，t/m^2；

　　　K——面积有效利用系数，一般取 K 为 0.65～0.70；

　　　d_p——单位面积的平均堆放量，t/m^2；

　　　V——库容量，t。

式(2) 中单位面积的平均堆放量与库内的物料种类和堆放方法有关，常凭经验或实测数据来决定。

（4）仓库位置设计

仓库在全厂建筑面积中占了相当大的比例，其在总平面中的位置要经过仔细考虑。生产车间是全厂的核心，仓库的位置只能是紧紧围绕这个核心合理地安排。但作为生产的主体流程来说，原料仓库、包装材料库及成品仓库显然也属于总体流程图的有机部分。工艺设计人员在考虑工艺布局的合理性和流畅性时，决不能考虑生产车间内部，应把基点扩大到全厂总体上来，如果只求局部合理，而在总体上不合理，所造成的矛盾或增加运输的往返，或影响到厂容厂貌，或阻碍了工厂的远期发展，因此，在进行工艺布局时，一定要通盘全局地考虑。

（5）仓库内部的设计

仓库内部合理布局就是指仓库内部各储存物品或储存小区之间的合理安排。仓库内部的设计通常按直线流动的方式，仓库中货物按直线流动可以避免逆向操作和低效运作，所谓直线流动是指货物出入仓库时按直线流动，具体方式如图 10-2 所示。

图 10-2　仓库货物流动的基本方向

（6）原料接收站的设计

生产过程中的第一环节是原料的接收，因此原料接收站是食品工厂生产的第一个环节，这一环节的生产质量如何，将直接影响到后面的生产工序。

大多数原料接收站设在厂内，也有的需要设在厂外，不论是设在厂内或厂外，原料接收站都需要有适宜的卸货、验收、计量、即时处理、车辆回转和容器堆放的场地，并配备相应的计量设施（如地磅、电子秤）、容器和及时处理配套设备（如制冷系统）。

（7）仓库对土建的要求

仓库对土建的要求通常根据仓库仓储对象的种类和特点而有所不同。

① 果蔬原料库。果蔬原料的储藏，一般用常温库，可采用简易平房，仓库的门要方便车辆的进出，库温视物料对象而定，耐藏性好的可以在冰点以上附近，库内的相对湿度为 85％～90％ 为宜（如需要，对果蔬原料还可以采用气调储藏，辐射保鲜，真空冷却保鲜等）。由于果蔬原料比较松散娇嫩，不宜受过多的装卸折腾。果蔬原料的储存期短，进出库频繁，故高温库一般以建成单层平房或设在多层冷库的底层为宜。

② 肉禽原料库。肉禽原料的冷藏库温度为 $-18 \sim -15\,℃$，相对湿度为 $95\% \sim 100\%$，库内采用排管制冷，避免使用冷风机，以防物料干缩。

③ 成品库。要考虑进出货方便，地坪或楼板要结实，每平方米要求能承受 1.5～2.0t 的荷载，为提高机械化程度，可使用铲车。托盘堆放时，需考虑附加荷载。

④ 空罐及其他包装材料仓库。要求防潮、去湿、避晒，窗户宜小不宜大。

3. 食品工厂运输方式的设计

运输方式的选择与全厂总平面布局、建筑物的结构形式、工艺布置及劳动生产率均有密切关系。工厂运输是生产机械化、自动化的重要环节。通常包括以下三种运输方式的选择。

① 厂外运输。进出厂的货物，大多通过公路或水路（除特殊情况外，现已很少用水路）。公路运输视物料情况，一般采用载重汽车，而对冷冻食品要采用保温车或冻藏车（带制冷机的保温车），鲜奶原料最好用奶槽车，运输工具现在大部分食品工厂仍是自己组织安排，但有实力的食品企业，正逐步将运输任务交给有实力的物流系统来承担。

② 厂内运输。厂内运输主要是指车间外厂区内的各种运输，由于厂区道路较窄小，转弯多，许多货物有时还直接进出车间，这就要求运输设备轻巧、灵活、装卸方便，常用的有电瓶叉车、电瓶平板车、内燃叉车以及各类平板手推车、升降式手推车等。

③ 车间运输。车间内运输与生产流程往往融为一体，工艺性较强，如输送设备选择得当，将有助于生产流程更加完美。

三、实训操作标准及参考评分

物流局部设计实训操作标准及参考评分见表 10-1。

表 10-1 物流局部设计实训操作标准及参考评分

序号	实训项目	设计内容	技能要求	满分
1	仓库设计	仓库容量及面积	仓库的大小应能满足产品原料、半成品、成品物料的储存,要根据食品原料季节性、产品销售情况来灵活设计仓库的容量,确保生产和销售顺利进行	15
		仓库位置	合乎要求的仓库位置应能确保仓库中各项设施的合理利用,有利于工厂的生产和管理,便于物流管理,确保厂区物流畅通,既要保证储存物资的安全,又要确保所储物资对周围环境的影响,在工厂总平面设计中应布局合理	15
		仓库内设计	仓库内按直线流动进行设计,要求充分利用仓库作业的时间和空间,尽量避免逆向操作,应便于仓库作业,提高作业效率	10
		原料接收站	针对不同的原料,原料接收站要有相应的设施,应确保原料的品质,为生产提供原料保证	10
		土建要求	仓库地坪要结实、坚硬、耐磨。不同的储存物资应符合不同的要求。参见前面实训内容	10
2	运输设计	厂外运输	厂外运输的选择应保证投资少、费用省、运价较低,并且能保证原辅材料的品质不受影响	10
		厂内运输	厂内运输设备应轻巧、灵活、装卸方便,应确保物流运输畅通,并防止运输污染,道路的宽度能充分满足货物的吞吐要求	10
		车间运输	车间运输能与生产流程融为一体,车间内的运输设备应当无毒、耐腐蚀、不生锈、易清洗消毒和坚固,能满足食品厂车间内物流的需求	10
		仓库运输	搬运的人员和设备应结合在一起,方便货物入库、存库和出库。仓库设计能确保提高搬运效率	10

四、考核要点及评分

【实训评分】

物流局部设计考核要点及评分见表 10-2。

表 10-2 物流局部设计考核要点及评分

序号	考核项目	满分	考核要点及标准要求	总评分
1	物流系统知识的掌握	20	对于食品厂内的物流活动能系统掌握,了解物流活动的重要性	
2	实训态度	20	整个实训能听从指导,严格遵守各项要求,积极思考	
3	仓库设计	20	仓库的分类设计明确,分类能针对所储存物资的特殊要求设计。能根据具体物资的特点设计保温、保湿或气调装置;仓库容量、位置、面积均能利于工厂的生产,保证厂区物流畅通	
4	运输设计	20	运输设计应费用较低,根据工厂的自身规模及厂区厂址特点合理选择运输方式及工具,能与生产流程结合在一起,方便生产,能提高生产效率	
5	实训报告的整理	20	实训报告格式规范,内容详实,尤其对相关劳动力问题能深入分析	

【考核方式】

在食品工厂和模拟实训基地进行实训。学生在工厂的表现占 20%,平时出勤及表现占 30%,实习报告占 50%。

思考与练习题

1. 食品工厂的物流系统可以分为哪几个部分？
2. 仓库货物流动的基本方向是怎样的？
3. 食品工厂的运输方式有几种？
4. 肉、禽、水产原料仓库对土建有何特殊要求？

实训项目十一　食品厂给排水系统设计综合实训

一、基础知识

【食品厂用水种类】

根据水的用途，食品工厂用水可分为生产用水、锅炉用水、生活饮用水和消防用水。

【食品用水的水源】

食品工厂用水可以分为三类：自来水、地表水和地下水。

【排水分类】

根据食品工厂排出污水的性质，排水管道可分为以下几种：生产污水管道、生产废水管道、生活污水管道、生活废水管道和雨水排放管道。

二、实训内容与步骤

【实训目的】

通过对食品工厂供水和排水系统的了解，掌握水处理的基本设计，能对全厂用水水量进行估算，对供水安全措施进行设计；对排水的设计主要以室内排水为主。

【实训要求】

各项设计只需达到初步设计深度即可。

【实训内容】

1. 资料收集

在进行给排水设计前，首先应收集以下相关资料：用水点对水量、水质、水温、用水时间等方面的要求；厂区内外有关的地形、地质资料；建厂所在地的气象资料；建厂所在地的水文及水文地质资料，特别是取水地的详细水文资料（包括原水水质分析报告）；拟接入厂区的市政自来水及排水管网状况；当地废水排放、环保和公安消防的有关规定；当地管材供应情况等。

2. 选择水源

选择水源时，应根据当地的具体情况，结合生产、生活对水质的具体要求，并经过详细的技术经济比较，确定采用一种或几种水源，以满足生产和生活上的用水需要。有自来水供应的地方，一般应优先考虑自来水，并考虑以地下水或江河湖水作为辅助水源，用于不接触食品的用水部门。

3. 水处理系统的设计

针对不同的用水，水质的要求各不相同，因此，要有不同水处理系统。

对于悬浮杂质可通过过滤的方法去除；对于胶体杂质可通过混凝、沉淀和澄清的方法；对于溶解杂质应通过软化的方法去除；同时，还应对水进行消毒和杀菌。在食品厂的水处理中应通过以上各种方法相互配合使用。

4. 用水量的计算

本次实训只掌握生产用水量的估算即可。

一个食品厂往往同时生产几种产品，各产品的耗水、耗汽量因生产工艺不同而异。即使生产同一种产品，因生产原料品种的差异以及设备的自动化程度、生产能力的大小、管理水平等工厂实际情况的不同而引起其耗水、耗汽量会有较大幅度的变化。可以采用估算的方法。

（1）按单位产品的耗水、耗汽量计算

根据生产相同类型产品的食品厂，其单位产品的耗水、耗汽量来估算。据资料表明，我国部分罐头产品的单位耗水量大致见表 11-1，部分乳制品的单位耗水、汽量见表 11-2。

表 11-1　部分罐头食品的单位耗水量

成品类别或产品名称	耗水量/(t/t 成品)	备　注
肉类罐头	35～50	
禽类罐头	40～60	不包括原料的速冻及冷藏
水产类罐头	50～70	
水果类罐头	60～85	以橘子、桃子、菠萝为高
蔬菜类罐头	50～80	番茄酱例外,约 180～200t/t 成品

表 11-2　部分乳制品的单位耗水、汽量

产品名称	耗汽量/(t/t 成品)	耗水量/(t/t 成品)	产品名称	耗汽量/(t/t 成品)	耗水量/(t/t 成品)
消毒奶	0.28～0.4	8～10	奶油	1.0～1.2	28～40
全脂奶粉	10～15	130～150	干酪素	40～55	380～400
全脂甜奶粉	9～12	100～120	乳粉	40～45	40～50
甜炼乳	3.5～4.6	45～60			

（2）按单位时间设备的用水、汽量估算

在一条生产线中，用各设备单位时间用水、汽量的定额的总和来估算。设备单位时间用水、汽量的定额可查阅相关设备资料获得。

（3）按生产规模估算给水、汽能力

按生产相同类型的产品、生产规模相当的食品厂的用水、汽量来估算。表 11-3 列举了罐头和乳制品方面的部分产品按一定的生产规模建议设置的给水能力大小。

表 11-3　部分罐头食品和乳制品的给水能力

成品类别	班产量/(t/班)	建议给水能力/(t/h)	备　注
肉禽水产类罐头	4～6	40～50	不包括速冻冷藏
	8～10	70～90	
	15～20	120～150	
果蔬类	4～6	50～70	番茄酱例外
	10～15	120～150	
	25～40	200～250	
奶粉、甜炼乳、奶油	5	15～20	
	10	28～30	
	5	57～60	
消毒奶、酸奶	5	10～15	
冰淇淋、奶油	10	18～25	
干酪素、乳糖	50	70～90	

5. 排水量的计算

食品工厂的排水包括生产废水、生活废水和雨水。当生产废水中还有有害物质超过废水排放标准时，应进行一定方式的处理后才能排出，这时，废水的排放应采取分流制。

（1）生产废水、生活废水排放量

$$W_{生} = KW_1$$

式中　$W_{生}$——生产废水、生活废水的排放量，m^3/h；

　　　W_1——生产、生活最大小时给水量，m^3/h；

　　　K——系数，一般取 $0.85～0.9$。

（2）雨水量的计算

$$W_{雨} = qQF$$

式中　$W_{雨}$——雨水量，L/s；

　　　Q——暴雨强度（以 $10000m^2$ 计，各地暴雨强度不同，可查有关资料），L/S；

　　　q——径流系数；

　　　F——厂区面积，$10^4\ m^2$。

6. 食品厂车间内排水设计

（1）明沟排水

室内排水采用明沟设计。明沟宽 $200～300mm$，深 $150～400mm$，坡度为 $1/100～1/50$。明沟终点设排水地漏，用铸铁排水管或焊接钢管排至室外。

（2）管道排水

管道排水管分别包括排水管、排水支管、排水立管和排出管、通气管。

7. 食品厂车间外排水设计

食品厂的车间外排水一般采用暗管。管道最小覆土深度在行车道下，一般不小于

0.7m，严寒地区无保温的排水管，其管顶应在冰冻线以下 0.3～0.5m。

三、实训操作标准及参考评分

给排水系统设计实训操作标准及参考评分见表 11-4。

表 11-4　给排水系统设计实训操作标准及参考评分

序号	实训项目	设计内容	技能要求	满分
1	资料准备	收集各项和设计有关的资料	所收集的资料应可靠、全面，能反映厂内外的给排水系统情况，对于各用水点对水量、水质、水温和用水时间等方面的资料要认真整理，也要准备国家对于排水标准的有关规定	20
2	水源选择	能针对工厂对水质的要求选择水源	熟知食品工厂用水的来源，清楚各自的水质特点，所选的水源能满足食品工厂工作生产的需求，并且经济上合理	20
3	水的处理	选择适合的水处理方法	针对所选水源和工厂的特殊需求，分别对水进行处理，所选的水处理方法应分别对待，此次实训以生产用水为对象进行设计	20
4	用水量的估算	生产用水量的估算	按不同的技术经济指标进行估算即可，通常都要对同类型食品厂的数据进行收集	20
5	排水管道的设计	室内排水管道的设计	清楚食品生产车间生产污水和废水的特点，采用合适的排水形式，尤其要注意支管的设计，避免堵塞，同时也要满足食品厂卫生以及国家对于污水排放标准的要求	20

四、考核要点及评分

【实训评分】

给排水系统设计实训考核要点及评分见表 11-5。

表 11-5　给排水系统设计实训考核要点及评分

序号	考核项目	满分	考核要点及标准要求	总评分
1	基本知识的掌握	20	对于食品厂内外的排水系统能基本掌握，了解排水系统的重要性	
2	实训态度	20	整个实训能听从指导，严格遵守各项要求，积极思考	
3	给水设计	20	列举不同类型的食品厂，学生要分析不同的生产任务，对给水系统进行哪些设计。所设计的给水系统应满足生产需求，能符合食品卫生要求，保证食品质量	
4	排水设计	20	运输设计应费用较低，根据工厂的自身规模及厂区厂址特点合理选择运输方式及工具，能与生产流程结合在一起，方便生产，能提高生产效率	
5	实训报告的整理	20	实训报告格式规范，内容详实，尤其对给排水设计应注意的事项能深入分析	

【考核方式】

针对每个学生的实训报告，在食品工厂模拟实训室进行模拟考核，围绕学生所完成的实训报告的内容，采用现场提问的形式，重在考核学生对于知识的基本了解，对于具体问题的分析和解决。

思考与练习题

1. 食品工厂用水有哪几个种类？各自有何特点？
2. 食品工厂生产的各个环节对于水质有何要求？
3. 对于硬度偏大的水质，可以采用哪些水处理方法？
4. 对于排水管的设计应注意哪些问题？

思考与练习题参考答案

实训项目一

1. 厂址选择工作为什么一定要进行方案的比较，通常采用什么比较方法？

答：厂址选择是一项包括政治、经济、技术综合性的复杂工作。具有较高的原则性、广泛的技术性和鲜明的实践性。要有比较才能加以选择。设计的实践证明，厂址选择的优劣直接影响工程设计质量、建设进度、投资费大小和投产后经营管理条件。因此，厂址比较选择法是选厂工作人员必须首先要掌握的方法。国、内外工程设计界长期研究有两种比较选择法：一是统计学法；二是方案比较法。

所谓统计学法，就是把厂址的各项条件（不论是自然条件还是技术经济条件）当作影响因素，把欲要比较的厂址编号，然后对每一厂号厂址的每一个影响因素，逐一比较其优缺点，并打上等级分值，最后把各因素比较的等级分值进行统计，得出最佳厂号的选择结论。这种比较方法把各影响因素看成独立变量，逐一比较，工作十分细致，但很烦琐。只有借助计算机技术处理数据，方可推广使用。

所谓方案比较法，就是以厂址自然条件为基础，以技术经济条件为主体，列出其中若干条件作为主要影响因素，形成厂址方案。然后对每一方案的优缺点进行比较，最后结合以往的选择厂址经验，得出最佳厂号的选择结论。这种方案比较法的理论依据是：主要影响因素起主导作用和设计方法同实践经验相结合的原则，因而得出的结论较为可靠，做法上避免了繁琐而广为采用。

2. 厂址选择这项工作在整个食品工厂设计中处于什么地位？

答：一个食品工厂的建设，对当地资源、交通运输、农业发展都有密切关系。食品工厂的厂址选择是否得当，不但与投资费用、基建进度、配套设施完善程度及投产后能否正常生产有关，而且与食品企业的生产环境、生产条件和生产卫生关系密切，因此在整个食品工厂设计中占有非常重要的地位。

3. 要满足设计要求，厂址选择的原则是什么？

答：在厂址选择时，应按国家方针政策、生产条件和经济效果等方面考虑。厂址选择的基本原则如下。

① 厂址选择应符合国家的方针政策，厂址应设在当地发展规划区域内，并符合工业布局及食品生产要求，节约用地，尤其尽量不占用或少占用耕地。

② 厂址选择应靠有利于交通、供电、供排水等条件，有利于节约投资，降低工程造价，节约和减少各种成本费用，提高经济效益。

③ 必须充分考虑环境保护和生态平衡。厂内的生产废弃物，应就近处理。废水经处理后排放，并尽可能对废水、废渣等进行综合利用，做到清洁工作。

4. 就罐头食品厂和软饮料生产厂而言，对其分别进行厂址选择，在考虑外部情况时，有何不同？

答：罐头食品厂原料的供应是生产的基本保证，进行厂址选择时应选择在原料产地附近；软饮料生产厂用水量很大，应保证厂址周围有充足的水源，并且水质要好。

实训项目二

1. 食品工厂总平面设计的概念与设计依据。

答：食品工厂总平面布置是对工厂总体布置的平面设计，是食品工厂设计的重要组成部分，其任务是根据工厂建筑群的组成内容及使用功能要求，结合厂址条件及有关技术要求，协调研究建（构）筑物及各项设施之间空间和平面的相互关系，正确处理建筑物、交通运输、管路管线、绿化区域等布置问题，充分利用地形，节约场地，使所建工厂形成布局合理、协调一致、生产井然有序，并与四周建筑群相互协调的有机整体。

设计依据：设计计划任务书。

2. 食品工厂总平面设计的步骤。

答：①确定方案。通常做法是把厂区及主要建（构）筑物的平面轮廓按一定比例缩小后剪成同样形状的纸片，在地形图上试排几种认为可行的方案，再用草图纸描下来，然后分析比较，从中选出较为理想的方案。

② 方案具体化。在方案确定的基础上按规定画法绘制出初步设计正式图纸。

③ 编写出初步设计说明书，供有关主管部门审批。

3. 何为风玫瑰图？

答：风玫瑰图是食品工厂总平面设计时应准备的重要气象资料之一。风玫瑰图就是风向频率图。它是在直角坐标上绘制的。坐标原点表示厂址地点，坐标分成 8 个方位，表示有东、西、南、北、东南、东北、西南和西北的风吹向厂点；也可分成 16 个方位，即表示再有 8 个方位的风吹向厂址。如果将常年每个方向吹向厂址的风的次数占全年总次数的百分率称为该风向的频率，则将各方向风频率按一定的比例，在方位坐标上描点，可连成一条多边形的封闭曲线，称之为风向频率图。

4. 食品工厂建筑物的组成及相互关系。

食品工厂的主要建筑物、构筑物根据它的使用功能可分为：生产车间、辅助车间、仓库、动力设施、供水设施、排水系统、全厂性设施。生产车间（即主车间）应在工厂的中心，其他车间、部门从公共设施均需围绕主车间进行排布。

5. 如何确定食品工厂锅炉房和对卫生要求较高的生产车间的相对位置？

答：锅炉房是食品工厂中的动力设施，因为锅炉房会有大量的有害气体和烟尘排出，对于周围环境是有影响的，为了将其影响降到最小，在布置锅炉房和生产车间时，生产车间应位于锅炉房的上风向。

实训项目三

1. 什么是产品方案？制定产品方案时应遵循的原则是什么？

答：产品方案又称生产纲领，它实际上就是食品工厂对全年要生产的产品品种和各产品的数量、产期、生产班次等的计划安排。

应满足的原则：四个满足和五个平衡。

四个满足为：

① 满足主要产品产量的要求；

② 满足原料综合利用的要求；

③ 满足淡旺季平衡生产的要求；

④ 满足经济效益的要求。

五个平衡为：

① 产品产量与原料供应量应平衡；

② 生产季节性与劳动力应平衡；

③ 生产班次要平衡；

④ 设备生产能力要平衡；

⑤ 水、电、汽负荷要平衡。

2. 产品班产量如何确定？

答：决定班产量的主要因素有：

① 原料供应量的多少；

② 配套设备生产能力的大小；

③ 延长生产期的条件（冷库及半成品加工设施等）；

④ 每天的生产班次和产品品种的搭配。

天产量＝各产品生产规模/预计生产天数

班产量＝天产量/班次

实训项目四

1. 设备位号 R1201A 表示什么含义？

答：R 表示设备分类序号，表示此设备为储罐；12 表示车间代号；01 表示设备顺序号，A 是相同设备尾号，用于区别同一位号的相同设备。

2. 论述乳粉厂工艺流程设计的步骤和包含的内容。

答：其一是确定由原料到成品的各个生产过程及顺序和组合方式，以达到加工原料生产出产品的目的；其二是绘制工艺流程图。

实训项目五

1. 原料消耗定额如何计算？

答：原料消耗定额＝用去的原料/所得的产品 （t 原料/t 成品）

2. 衡算基准如单位时间、单位质量、体积如何确定？

答：计算基准是物料衡算的出发点。选得正确，可使计算结果大为简化。

① 以年产量、日产量、班产量为计算基准——计算原辅料的需要量。

② 以每百千克原料为计算基准——计算出成品数量。

3. 物料衡算的意义。

答：（1）开展设计

① 确定生产设备的容量、个数和主要尺寸。

② 工艺流程草图的设计。

③ 水、蒸汽、热量、冷量等平衡计算。

④ 车间布置、运输量、仓库储存量、劳动定员、生产班次、成本核算、管线设计。

（2）改进生产

在工厂建成投产后，同样可利用物料衡算，针对所用的生产工艺流程、车间或设备，利用可观测的数据去计算某些难于直接测定计量的参变量，从而实现对现行生产状况进行分析，找出薄弱环节，进行革新改造，挖掘生产潜力，制定改进措施，提高生产效率，提高正品率，减少副产品、杂质和三废排放量，降低投入和消耗，从而提高企业的经济效益。

4. 对日处理 1000t 大豆浸出油厂进行物料衡算。

答：简要步骤：

（1）画出示意图

（2）计算任务

① 计算出各工序处理物料量；

② 计算出各工序加入或出去的介质（物料）量。

（3）选择计算参数

（4）计算

实训项目六

1. 食品厂设备的分类。

答：通常食品厂所涉及的设备分为专业设备（定型设备）、通用设备和非标准设备。

2. 食品厂设备选型的内容及其选型原则。

答：设备选型是在工艺设计基础上进行的，其目的是确定车间内工艺设备的类型、规格和台数。其选型原则如下。

① 满足生产要求。

② 满足经济上合理，技术上先进。

③ 应符合食品卫生要求。

④ 所选设备应结构合理、体积小、重量轻、效率高、消耗低、维修方便。

⑤ 各种工艺参数控制方便、灵敏，尽量采用生产线自动控制方式。

3. 什么是设备的铭牌？

答：设备的铭牌是装在设备上面的金属牌子，上面标有名称、型号、性能、规格及出厂日期、制造商等字样，通过设备铭牌上标有的功率和额定产量等信息可以对设备进行合理选择。

4. 当几种产品需要同时使用一台设备或当几种产品单独使用该设备时，设备的生产能力应如何确定？

答：① 若几种产品均需要同一台设备，生产能力应与"各产品物料衡算数据之和"相适应。

② 若几种产品单独使用该设备时，生产能力按生产量最大的产品来确定。

实训项目七

1. 劳动力计算的新方法的依据与方法。

答：依据：大多数食品工厂的车间生产是机器生产和手工作业共同完成的。新方法从食品工厂设计的实际出发，以前期设计资料为依据，按照生产旺季的产品方案，兼顾生产淡季，以主要工艺设备（如方便面生产中的油炸机，饮料生产中的充填机）的生产能力为基础进行计算。

方法：各生产工序的劳动力计算，按照生产工序的自动化程度高低两种情况计算。

① 对于自动化程度较低的生产工序，即基本以手工作业为主的工序，根据生产单位质量品种所需劳动工日来计算，若用 P_1 表示每班所需人数，则

$$P_1（人/班）＝劳动生产率（人/产品）×班产量（产品/班） \tag{1}$$

大多数食品厂同类生产工序手工作业劳动生产率是相近的。若采用人工作业生产成本低，也经常选用该种生产方式。

② 对于自动化程度较高的工序，即以机器生产为主的工序，根据每台设备所需的劳动工日来计算，若用 P_2 表示每班所需人数，则

$$P_2（人/班）＝\sum K_i M_i（人/班） \tag{2}$$

式中，M_i 为 i 种设备每班所需人数；K_i 为相关系数，其值≤1，影响相关系数大小因素主要有同类设备数量、相邻设备距离远近及设备操作难度、强度及环境等。

③ 生产车间的劳动力计算

在工厂实际生产中，常常是以上两种工序并存。若用 P 表示车间的总劳动力数量，则

$$P＝3S(P_1+P_2+P_3) \tag{3}$$

式中，3 表示在旺季时实行 3 班制生产；S 为修正系数，其值 $\leqslant 1$；P_3 为辅助生产人员总数，如生产管理人员、材料采购及保管人员、运输人员、检验人员等，具体计算方法可查阅设计资料来确定。

2. 在食品工厂设计中，劳动力过多或过少会给生产带来哪些影响？

答：过多或过少的劳动力定员，会对劳动生产率有影响，不能充分发挥劳动力的作用，进而影响正常的生产。

3. 一般食品厂的男女比例大约是多少？

答：男女比例由工作岗位的性质决定。强度大、环境差、技术含量较高的工种以男性为主，女性能够胜任的工种则尽量使用女工，一般食品厂的男女比例大约为 3∶7。

4. 劳动定额怎样确定？

答：劳动定额是产品生产过程中劳动消耗的数量标准，是指在一定的生产技术组织条件下，规定生产一件合格产品所需的劳动时间，或者规定在一定劳动时间（如分、小时、天）内生产合格产品的数量。前者称为"时间定额"，后者称为"产量定额"。二者都是劳动计量标准，它们之间可以互相转换。

实训项目八

1. 车间平面布置对于门窗有何设计要求？

答：不论哪一种厂房的形式，都要对厂房的进出口、通道、楼梯位置安排好。每个车间至少有两道门，作为人流、货流和设备的出入口。而且尺寸也要求适中，大门高度要比最高设备高出 0.6～1.0m 以上，宽度比设备宽 0.2～0.5m。生产车间的门，应设置防蝇、防虫的装置。

食品工厂窗户通常采用钢窗，保证其采光面积为 1/6～1/4，为保证采光面积，通常设有天窗。

2. 车间平面布置对于建筑结构的要求。

答：生产车间的建筑结构大体上可分砖木结构、混合结构、钢筋混凝土结构和钢结构等。

食品工厂生产车间的一般单层或多层建筑，基本上选用钢筋混凝土结构，单层建筑物也可选用混合结构。食品工厂生产车间一般不宜采用砖木结构和钢结构。

3. 何为车间设备布置剖视图？

答：车间设备布置剖视图又称为车间设备布置立面图，是假设用一个平面把房屋在门窗洞口处垂直方向切开，移去一边，向另一边观看所得到的立面正投影图，也称立剖面图。

实训项目九

1. 管道布置图的表示方法有几种？

答：管路布置图是根据车间平面布置图及设备图来进行设计绘制的，它包括管路平面图、管路立面图和管路透视图。

2. 简述管道布置图的绘制步骤。

答：（1）确定比例、图幅及分区原则

① 比例。管道布置图的常用比例为 1∶50 和 1∶100，如管道复杂的也可采用 1∶20 或 1∶25 的比例。

② 图幅。一般用 1 号或 2 号图纸，有时也用 0 号图纸。

③ 分区原则。由于车间范围比较大，为了清楚表达各工段管道布置情况，需要分区绘制管道布置图时，常以各工段或工序为单位划分区段。

（2）绘制管道布置图

① 管道平面布置图的画法。用细实线画出厂房平面和设备外形，标注柱网轴线编号和柱距尺寸，标出设备所有管口，加注设备位号和名称；用粗单实线画出所有工艺物料管道和辅助管道，用规定符号画出管件、管架、阀门和仪表控制点，在管道上方或左方按规定标注管道，并在适当位置注明流向、管道坡度，标明接口点，说明注意事项。

② 管道立面剖视图的画法。画出地平线或室内地坪、各楼面和设备基础及设备外形，标出设备所有管口，加注设备位号和名称；用粗单实线画出所有工艺物料管道和辅助管道，用规定符号画出管件、管架、阀门和仪表控制点，在管道上方或左方按规定标注管道，并在适当位置注明流向、管道坡度，标明接口点，说明注意事项。

3. 管道系统对于食品工厂生产过程的作用是什么？

答：管路系统（也称管道系统）是食品工厂生产过程中必不可少的部分，各种物料、蒸汽、水及气体都要用管路来输送，设备与设备间的相互连接也要依靠管路。管路对于食品工厂，犹如血管对于人体生命一样重要。

管路设计是否合理，不仅直接关系到建设指标是否先进合理，而且也关系到生产操作能否正常进行以及厂房各车间布置是否整齐美观和通风采光是否良好等。

实训项目十

1. 食品工厂的物流系统可以分为哪几个部分？

答：物流系统可以划分为四个部分：供应物流、生产物流、销售物流、回收和废弃物物流。

2. 仓库货物流动的基本方向是怎样的？

答：仓库内部的设计通常按直线流动的方式，仓库中货物按直线流动可以避免逆向操作和低效运作，直线流动是指货物出入仓库时按直线流动，具体方式如下图：

收货区　　　　基本存储区　　　　订单分拣备货区　　　　发货区

3. 食品工厂的运输方式有几种？

答：厂内运输、厂外运输和车间内运输。

4. 肉、禽、水产原料仓库对土建有何特殊要求？

答：肉禽原料的冷藏库温度为$-18\sim-15℃$，相对湿度为$95\%\sim100\%$，库内采用排管制冷，避免使用冷风机，以防物料干缩。

实训项目十一

1. 食品工厂用水有哪几个种类？各自有何特点？

答：按水质的不同可将食品工厂用水分为三个种类，分别是地上水、地下水和城市自来水。

地上水水资源丰富，但易受环境影响，污染较为严重；地下水水质好，不易受污染，水温比较恒定，但其中的矿物质含量多，硬度大，对生产也不利；城市自来水费用较高。

2. 食品工厂生产的各个环节对于水质有何要求？

答：生产中不同用途的水，对水质的要求不同。清洗设备用水和生活用水，需达到饮用水的水质标准，进入产品的用水应根据工艺要求，进行水质处理，除去对产品质量有影响的内容物。冷却用水，其水质要求可低于生活饮用水的水质标准，但要求水温低，无悬浮混浊的物质，以免粘于传热壁上影响传热效果，增加清理困难。

3. 对于硬度偏大的水质，可以采用哪些水处理方法？

答：硬度偏大的水不能用作食品生产，可采用以下软化方法：石灰软化法，电渗析法，反渗透法以及离子交换法等处理方法。

4. 对于排水管的设计应注意哪些问题？

答：① 排水系统的设计应满足最佳的水力要求。

② 满足维修及美观的要求。

③ 保证生产及使用安全。

④ 排水系统应设有污水处理系统。

参 考 文 献

[1] 张国农. 食品工厂设计与环境保护. 北京：中国轻工业出版社，2005.
[2] 熊万斌. 粮食工厂设计. 北京：化学工业出版社，2006.
[3] 赵思明. 食品科学与工程中的计算机应用. 北京：化学工业出版社，2005.
[4] 陈利群. 制药厂设计与实践. 上海：同济大学出版社，2006.
[5] 鲍思泽. 食品工厂设计与安装. 北京：中国商业出版社，1994.
[6] 王如福. 食品工厂设计. 北京：中国轻工业出版社，2001.
[7] 吴思方. 生物工程工厂设计概论. 北京：中国轻工业出版社，2007.
[8] 赵晋府. 食品工艺学. 北京：中国轻工业出版社，1999.
[9] 曾庆孝. GMP 与现代食品工厂设计. 北京：化学工业出版社，2007.
[10] 杨芙莲. 食品工厂设计基础. 北京：机械工业出版社，2005.